——纪念 **沈从文** 先生

抉微钩沉

中国古代服饰文化研究

华服志平台 编

U0241675

中国纺织出版社有限公司

国家一级出版社
全国百佳图书出版单位

内 容 提 要

2018年是"沈从文先生卒辰30周年"，为深沉纪念沈从文先生，学习沈先生以考古的严谨进行中国古代服饰文化研究，特以征集研习论文的形式向奠定了服饰学术研究方法的文化前辈表达敬意。

研习论文围绕抉微钩沉中华服饰文化的主旨自行确定。抉微，谓发掘事物的隐微；钩沉，谓搜集与发掘资料、义理等。本次征集从说文藏物、服饰史记、民族服饰、非遗传承、服饰美学几个学术方向作为论文主题。沈先生纪念周年的一头一尾，我们想表达的是承续始终的学术固持。

本书适合服装专业的师生作为学术参考，也可供服装爱好者赏析。

图书在版编目（CIP）数据

抉微钩沉：中国古代服饰文化研究 / 华服志平台编
. --北京：中国纺织出版社有限公司，2019.11
ISBN 978-7-5180-6730-5

Ⅰ.①抉… Ⅱ.①华… Ⅲ.①服饰文化-研究-中国
-古代 Ⅳ.①TS941.742.2

中国版本图书馆CIP数据核字（2019）第216279号

策划编辑. 金 昊　杨 勇　责任编辑：杨 勇
责任校对：寇晨晨　责任印制：王艳丽

中国纺织出版社有限公司出版发行
地址：北京市朝阳区百子湾东里A407号楼　邮政编码：100124
销售电话：010－67004422　传真：010－87155801
http://www.c-textilep.com
中国纺织出版社天猫旗舰店
官方微博http://weibo.com/2119887771
北京华联印刷有限公司印刷　各地新华书店经销
2019年11月第1版第1次印刷
开本：787×1092　1/16　印张：13
字数：197千字　定价：98.00元（附视频二维码）

凡购本书，如有缺页、倒页、脱页，由本社图书营销中心调换

再读《中国古代服饰研究》

60年前，中国没有人知道纺织考古；

50年前，没有人知道沈从文先生对中国的古文物、文献及纺织品文物有所研究；

40年前，没有人见过两千多年前色彩鲜活、图案优雅、文化丰满的纺织文物实证；

30年前，对纺织文物的实证，没人设想过应该对它们进行全工艺的复原研究；

20多年前，中国纺织服饰研究、中国纺织考古发掘研究的两位开拓者相继离世；

10多年前，中国建立起真正能发掘、保护到研究纺织文物的团队；

5年前，中国社会科学院考古研究所正式批准建立纺织考古学科。

沈从文先生逝世三十余年了，我却总觉得跟随沈从文先生的学习、工作就在昨日，恍惚间不觉已有近四十年，当年从服饰研究的图像、实物资料的对比整理开始直至今日完成的仍是沧海一粟。沈先生20世纪80年代就走了，王㐨先生也去了，曾经跟随的导师、工作的伙伴留下了这样一番尚需大力耕耘的土地，让我今日回想起来仍有激情，却也充满惶恐。

《中国古代服饰研究》是沈先生自1963年受周恩来总理的嘱托而作，它历经磨难历时18年终于于1981年在香港商务印书馆出版发行，并被评为香港最佳印刷奖；后还被评为中国社会科学类图书一等奖；也曾被作为国礼送给日本天皇、英国女王和美国总统。这部书是中国古代丝绸、服饰研究领域的开山之作，是沈先生对于中国传统服饰、传统工艺文化的深度研究和作为文物历史学研究家对于中国古代文化、物质研究的满满责任。

就像郭沫若先生在书中序言所说的那样——作为测定民族文化水平的标准，艺术与生活紧密相连,"古代服饰是工艺美术的主要组成部分,资料甚多,大可集中研究。于此可以考见民族文化发展的轨迹和各种兄弟民族间的相互影响。历代生产方式、阶级关系、风俗习惯、文物制度等,大可一目了然,是绝好的史料。"而"遗品大率出自无名作家之手。历代劳动人民,无分男女,他们的创造精神,他们的改造自然、改造社会的毅力,有着强烈的生命脉搏,纵隔千万年,都能使人直接感受,这是值得特别重视的。"

也许沈先生可以笑谈他年近70岁下放湖北干校,他高压充升仍孜孜不倦默写已被焚毁的《中国古代服饰研究》书稿,但作为学生,我却深刻地明白,如若不是对国家对中国文化文物的深深眷恋,对传统文化传承的强烈感情,先生又如何能如他所说的"在农村'五七'干校期间头脑简单地渡过难关"?

《中国古代服饰研究》近二十年的时间方予面世,满载着沈先生对传统工艺文化的热爱和执着,20世纪60年代的沈先生,对于来自总理的编写一部向别国引荐中国服饰文化的国礼书籍的嘱托,可说是踌躇满志,先生将之规划为一部至少潜心研究整理十年、出版十本的巨大工程,而已出版的内容是对历代有关服饰史中有争议问题的整理和解惑,依沈先生的说法,这仅是一个试点本,仅是将历朝历代学界有所争议的问题进行浅析,后面仍有极其庞大的内容需要一一以史学方式进行梳理。

就书籍本身而言,沈先生自己早已将他的主旨、他的向往以及他对中国服饰文化的探索方式都在序言中阐释详尽,任何赘述无疑具为蛇足。若一定稍作浅述,那仅有将沈先生作此文的更多背景、设想一一道来,以便读者可以更加宏观、客观地应用这本以25万文字和九百余幅图片概述中国服饰历程的带有沈先生整个后半生成果和无限憧憬与遗憾的书籍。

《中国古代服饰研究》对于现代的读者来说,或许更适合被作为一份长者在中国文化地界默默耕耘的笔记来看待,它为后来者铺设了一条穿古越今以实物见证历史的路径,人们可以循着这条路径了解中国古代服饰的历程:我们看到自商代始,从祭祀、丧葬等方面所反映出的先民们的工艺技术状况,等级制度沿革;周代由于我们知之甚少而稀缺实证但确实发展起来的织纺技术,譬如2007年江西靖安东周大墓所出之高级别锦绣;接下来,随着技术发展而不再深藏庙堂的珠玉锦绣,在春秋战国时作为商品流通,一定程度地为群雄霸主提供着称霸的物质基础;日益丰富的物质条件,统一强大的完整帝国,让秦汉之后的封建王朝开始了定服制的全新篇章,服饰的应用除却实用,又被人为规制出政治色彩……技术在发展,物质被丰富,精神寻求满足,它们又互相影响成为各朝各代特有工艺及文化发展的动力齿轮。通过沈先生的指引，一部缩略版中国古代服饰沿革脉络呈现在了世人面前，它看似以史为轴铺陈服饰衍进，却也同时以服饰为线将中国古代各时期的政治、军事、经济、文化、民俗、哲学、伦理等诸多风云变迁之轨迹联系起来：如服装的产生源于人们御寒的需求，接着被运用到狩猎和战争时的防护，又因着战争需求而不断改进着服装的公用样式，这些样式慢慢渗入生活成为日常之所用，日常生活的基本需要满足之后，精神层面的追求也日益增加，美观、独特、不容侵犯等精神需求被实质化为技术、制度的发展和订立，它们自身也在循环往复。倘若没有真实可信的图片和细致完善的研究工作，人们如何直观地了解历史的发展、社会的沿革？因而以"实"为核心的《中国古代服饰研究》是一部非常易读的历史、服饰等方面的入门书籍，对后学又是一部信息量巨大的综述索引。

同时，写作这部书或者说这部从服饰角度以实证史的编写书籍，也是传统文化向现代文化转型的一个重要标志，中国文人历来喜爱"纸上江山"，在文字的天地间天马行空，乃至《天工开物》一类的巨著即便作者提及均需遮掩羞惭、一副生无大志寥此自娱的无奈。而《中国古代服饰研究》更是不受"传统"史学家待见的，它以百、千字为单元，看似漫不经心地与读者一起读图赏图，不做赘述，不强加臆想而是就实论事地以实物为展示主体，以文献为背景资料深入浅出地为读者揭开传统服饰文化发展的面纱。所有被列举出来的现象虽远不及实物的数量，但每一件作品的选取却均非随手而至，它们是建立在沈先生三十余年潜心文物、文献的研究之上，它们是先生在实物与文献研究中发现的问题，是传统文献中的说法与考古实物比证时需要非常关注的节点。

沈从文先生的《中国古代服饰研究》是中国古代服饰研究系统化工程的开山之作，它为历史研究提出了以实论史的新方法，作为沈先生的学生和助手，跟从沈先生的学习使我一生受益，却也备感压力。沈先生未尽之事业倘若断于我之手中，将绝不仅是个人的遗憾，沈先生当年为之倾力的事业，今日依然维系，却真实希望更多的人看到先生为大家引出的这条路径，希望它可以像先生希望的那样引领更多的人走入传统服饰文化的殿堂。

沈先生一生手不释卷，博闻强记，踏踏实实地求知育人，对年轻人的教育从不教条而是不断引导，他强调研究中的问题绝不能孤立看待，凡事有联系，上下而求索的方法是使人明了事务的根本途径。因而在研究历史问题时，沈先生带领我们使用的就是文献与文物多元结合对比分析的方法。沈老身体力行地在中国古代服饰文化的研究中，坚定地推动历史文化必须以文献与文物相结合的唯物主义方法，他无愧于历史研究之大家之称。

先生还有一句话，在导读的最后呈现给大家，希望更多的人能投入到这样一份没有喜爱就无以坚持、没有时间的积淀就无以走下去、却真真实实为国之必需的道路上来，也希望更多的人能够体会沈先生的良苦用心。

沈先生说："中国古人给世上留下了一部二十四史的巨著，地下却也还埋藏着另一部更加重要的二十四史，地下的这部将会不断订正、修补着世间流传的地上二十四史"。

王亚蓉　中国社会科学院考古研究所特聘研究员

纺织考古学家，织绣文物修复专家，博士研究生导师。1942年生于北京，1961~1963年在中央工艺美术学院学习。1973年在中国社会科学院考古研究所技术室工作，自1975年任沈从文先生助手，与王㐨并为沈从文服饰文物研究事业的左右手。自1985年开始以战国、汉代、唐代出土纺织品文物为标本，开始应用"实验考古"方法研究中国古代服饰。

主要从事中国古代服饰研究，专长为丝绸、服饰的考古现场发掘、保护、研究、鉴定、复原工作。参与湖南长沙马王堆一号三号汉墓、湖南江陵马山一号楚墓等几十个出土丝绸文物大墓的挖掘保护。

主要著作《中国古代服饰研究》（作为沈从文先生主要助手之一），专著《中国民间刺绣》《章服之实：从沈从文先生晚年说起》2013，《碎金文丛：沈从文晚年口述（增订本）》2014，《中国的美》2015，《中国刺绣》2018，《中国服饰之美》2019等。

沈从文、张兆和夫妇与王㐔、王亚蓉于北京西郊友谊宾馆（1978年）

沈从文、张兆和夫妇与王亚蓉于杭州（1979年）

沈从文先生于湖南省博物馆（1979年，王㐔摄，前排右2为王亚蓉）

视频目录

Video contents

（论坛视频请扫码收看，总时长22小时）

目录
Contents

说文藏物

"繁华到底"

——明藩王墓出土金银首饰丛考（节选）

【摘要】

明代藩王的精神生活与物质生活基调，影响差不多从明代前期一直贯穿到明末，讨论明藩王墓出土金银首饰造型与纹饰的设计，这也正是一个不可忽略的文化背景。王府所在，很多时候是引领风尚的，王府金银首饰自然也每以夺目之色摇漾在四时花海管领风韵。尽管明代各个藩王享禄并不平衡，甚或常有禄米不给的困窘，未必总可以享受穷奢极欲的生活，然而"穷奢极欲"到底是那一时代——尤其是明中后期——缙绅富室的普遍追求。此"繁华到底"一语，今用来点评藩王墓中随葬的金银首饰，也正好切题。

【关键词】

明代　出土　金银　首饰　考据

引言

明代藩王是一个独特的群体，虽有天潢贵胄之尊，却又是最为几乎每一位当朝天子所猜忌、所警惕的一群。按照明初朱元璋定下的制度，他们终身不得"高官"，但一生得享"厚禄"，虽然在明代中后期宗室人口愈为庞大之后，禄银供给已是远远不足。既有俸给之厚，自然得享优游度岁之乐，而为了免除来自当朝的猜忌，也以隐于游艺、隐于富贵，即不问朝政、安享尊荣最为全身之道。宋元以来蔚成风气的"琴棋书画"固然是贵盛之日消磨岁月的娱情方式，鲁荒王朱檀墓的随葬品中有天风海涛琴一张、围棋一副、宋元书画四卷、元刊本六种八十二册❶，可见这位

---

❶ 山东博物馆，等.鲁荒王墓[M].北京：文物出版社，2014：124-130.

短寿藩王的生活之一面。琴棋书画所依托的背景，少不得是园林之胜。明张瀚《松窗梦语》卷二《西游纪》记述他在秦王府所见，曰："泾、渭之中为陕西会城，即古长安，中有秦府，扁曰'天下第一藩封'。每谒秦王，殿中公宴毕，必私宴于书堂，得纵观台池鱼岛之盛。书堂后引渠水为二池，一栽白莲，池中畜金鲫，人从池上击梆，鱼皆跃出，投饵食之，争食有声。池后叠土垒石为山，约亭台十馀座。中设几席，陈图史及珍奇玩好，烂然夺目。石砌遍插奇花异木。方春，海棠舒红，梨花吐白，嫩蕊芳菲，老桧青翠。最者千条柏一本，千枝团栾丛郁，尤为可爱。后园植牡丹数亩，红紫粉白，国色相间，天香袭人。中畜孔雀数十，飞走呼鸣其间，投以黍食，咸自牡丹中飞起竞逐，尤为佳丽。"这是明代中期的北方。《徐霞客游记》卷二下《楚游日记》纪桂阳靖江王府大势曰："府在城之中，圆亘城半，朱垣碧瓦，新丽殊甚。前坊标曰'夹辅亲藩'，正门曰'端礼'。前峙二狮，其

色纯白，云来自耒河内百里。"又有桂府所构桂花园、桃花源，前者是赏桂之所，"前列丹桂三株，皆耸干参天，接荫蔽日。其北宝珠茶五株，虽不及桂之高大，亦郁森殊匹"。"东为桃花源，西自华严、天母二庵来，南北俱高岗夹峙，中层叠为池，池两旁依岗分坞，皆梵宫绀宇，诸藩阄亭榭，错出其间"❶。这是明代后期的南方。同在江西尚有宁藩。宁藩一系中的朱权被迫隐遁之后，却是成为藩府生活的风雅典范❷。陈衍《明诗纪事·甲籤》卷二"宁献王权"条采诗二首，其前小传曰：王"作《囊云诗》云：'蒸入琴书润，粘来几榻寒。小斋非岭上，弘景坐相看。'王每月令人往庐山之岭，囊云以归，结小屋曰雪斋，障以帘幕，每日放云一囊，四壁氤氲，如在嵩洞。余观周宪王有《送雪诗》。臞仙囊云，宪王送雪，此宗藩中佳话可属对也"。得与"囊云"合作佳话的"送雪"之宪王，更为明代藩王中最是才华卓绝者。明宗室朱谋㙔《藩献记》说他"好文辞，兼工书画，著《诚斋录》

---

❶ 吴应寿，整理.徐霞客游记[M].上海：上海古籍出版社，1982：197，199.

❷ 钱谦益《列朝诗集小传·乾集下》"宁献王"条："王讳权，高皇帝十六子，生而神姿朗秀，白皙美髭髯。始能言，自称大明奇士。好学博古，诸书无所不窥，旁通释老，尤深于史。洪武二十四年册封，之国大宁，文皇帝践祚，改封南昌，恃靖难功，颇骄恣，多怨望不逊。晚年深自韬晦，所居宫庭，无丹彩之饰。覆殿瓴甋，不请琉璃。构精庐一区，莳花艺竹，鼓琴著书其间。晚节益慕冲举，自号臞仙，建生坟缑岭之上，数往游焉。江右俗故质朴，俭于文藻，士人不乐声誉。王弘奖风流，增益标胜。"按此系摘编朱谋㙔《藩献记》卷二《宁藩》一节关于宁献王的纪事。

《乐府传奇》若干卷"，"所制乐府新声，大梁人至今歌舞之"❶。所谓"今"，乃作者所处之晚明。钱谦益《列朝诗集小传·乾集下》"周宪王"条："王讳有燉，周定王之长子，高皇帝之孙也。洪熙元年袭封，景泰三年薨，在位二十八年，谥曰宪。王遭世隆平，奉藩多暇，勤学好古，留心翰墨，集古名迹十卷，手自临摹，勒石名'东书堂集古发帖'，历代重之。制《诚斋乐府传奇》若干种，音律谐美，流传内府，至今中原绚索多用之。李梦阳《汴中元宵》绝句云：'中山孺子倚新妆，赵女燕姬总擅场。齐唱宪王新乐府，金梁桥外月如霜。'"宁献王朱权与周宪王朱有燉，叔侄二人也许并无交往，然而一南一北如此构筑的诗酒风流，可以说为明代藩王的精神生活与物质生活定下了基调，且影响差不多从明代前期一直贯穿到明末，而周宪王的杂剧创作影响尤巨，所谓"音律谐美，流传内府，至今中原绚索多用之"，"今"，当指明末，而"流传内府"一事尤可注意，因为至少嘉靖时期成书的《雍熙乐府》是大量收录周宪王之作的❷。讨论明藩王墓出土金银首饰造型与纹饰的设计，

这也正是一个不可忽略的文化背景。

一、礼制内外

《续汉书·舆服志》叙述服饰所以要订立制度的要义曰："夫礼服之兴也，所以报功章德，尊仁尚贤。故礼尊〔尊〕贵贵，不得相踰，所以为礼也。非其人不得服其服，所以顺礼也。顺则上下有序，德薄者退，德盛者缛。"又结末赞曰："冠服致美，佩纷玺玉。敬敬报情，尊尊下欲。孰夸华文，匪毫丽缛。"纳入礼制的服饰制度，与古代史同长久，虽历经数朝数代，但基本格局变化不大，名称也泰半沿用未改，更易多止在于随着服饰的变化而改变实与名的对应，因此可以说这是中国服饰史中最为保守的部分。不过服饰制度虽然有严格的一面，却也颇存变通的空间。礼制内，是敬敬尊尊，礼制外，却意在夸华文，逞丽缛。而内外之间，才是设计服饰样式的发挥创造最佳处。

明代女子金银首饰，纳于礼仪制度的一类，一等的是凤冠霞帔。凤冠霞帔的基本组成，是凤冠一组，霞帔一组。凤

❶ 朱谋垔《藩献记》，《北京图书馆古籍珍本丛刊》据明万历刻本影印，收入《史部·传记类》册十九，页752，书目文献出版社，1998年。又《万历野获编》卷二十五"填词名手"："本朝填词名手，如陈大声、沈青门之属，俱南北散套，不作传奇，惟周宪王所作杂剧最夥，其刻本名《诚斋乐府》，至今行世，虽警拔稍逊古人，而调入绚索，稳叶流丽，犹有金元风范。"

❷ 赵景深.中国戏曲初考[M].郑州：中州古籍书画社，1983：42-44.

冠以及插在凤冠上的金凤簪一对，又一对用作固冠的金花头簪，如此为凤冠一组。珠翠凤冠，等级最著，但漆竹丝编框，保存不易，考古发现中保存完整的实物很少。湖北蕲春刘娘井明墓出土金镶宝钿花鸾凤冠一顶（图1-1），与冠同出的有一对金累丝凤簪（图1-3），这是凤冠必有的插戴，凤口每衔挑牌。此即明代礼书中说到的特髻，它是皇妃的常服之属，而为皇妃以下至品官命妇的礼服。墓主人是荆端王次妃刘氏，为荆恭王本生祖母、追封荆庄王之本生母，卒于嘉靖三十九年❶。霞帔则是丝罗制品，依等级不同而织纹有别❷，其底端有膨起如囊的金帔坠，帔坠系以两枚金片分别打制扣合而成，上端有孔，孔中穿金系，然后悬坠于金钩用作霞帔的压脚。此系与钩，当日合称为"钓圈"❸。如此为霞帔一组。凤簪帔坠均为礼仪用物，藩王府的这两组金银饰物通常是出自禁中，即由

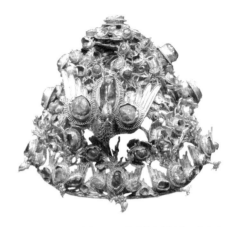

图1-1 金镶宝钿花鸾凤冠　湖北蕲春刘娘井明墓出土

图1-2 金镶宝钿花鸾凤冠（侧面）

❶ "刘娘井位于湖北蕲春县蕲州镇附近，相传墓主人刘氏（荆端王朱厚烇次妃）路经此地溺死于井中，因而得名。"出土墓志记载刘氏"嘉靖叁拾捌年肆月拾壹日奉敕封为荆端王次妃"。小屯《刘娘井明墓的清理》，页55—56，《文物参考资料》1958年第五期。本文所举两例均藏湖北省博物馆，前例为笔者观展所摄，后例承馆方惠允观摩并拍照。

❷ 《明史》卷六十六《舆服二》"皇后常服"一项有"大衫霞帔：衫黄，霞帔深青，织金云霞龙文"；皇妃、皇嫔及内命妇礼服之霞帔，"俱云霞凤文"。

❸ 实例如安徽歙县黄山仪表厂明墓出土金帔坠一副之铭文，金钩内侧铭曰："内官监造足色金计贰两重钓圈全。"安徽省文物事业管理局《安徽馆藏珍宝》，图二九八，中华书局，2008年。

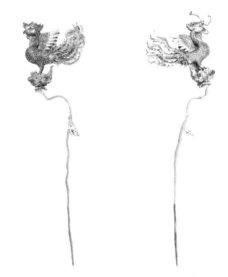

图1-3 插于凤冠的凤簪　湖北蕲春刘娘井明墓出土

图2 亲王妃·珠翠牡丹花面花、梅花环、四珠环《明宫冠服仪仗图》

图3 金镶宝牡丹花簪 湖北蕲春县彭思镇张滩村明都昌王朱祁鑑妃袁氏墓出土

图4 四珠耳环 湖北钟祥明郢靖王墓出土

银作局成批制作，以备宫廷的各种礼典和册封赏赐之需。由簪脚或钓圈上面镌刻的铭文，可知出土于各地明藩王夫妇合葬墓"内造""内成造"的金簪、金凤簪、金帔坠，多是这种情况。

凤冠霞帔之外，尚有面花、珠翠牡丹花、珠翠穰花、耳环、镯钏。面花、珠翠牡丹花、珠翠穰花、梅花环、四珠环的式样，在制定于明代前期的《明宫冠服仪仗图》中可见大概❶（图2），湖北蕲春县彭思镇张滩村明都昌王朱祁鑑妃袁氏墓出土金镶宝花鸟簪一对，簪首是金叶和金花瓣攒簇而成的一丛牡丹，花开五枝，一朵大花在中央，每朵花心都抱一颗宝石，花丛顶端用螺丝挑出一只俯身下瞰的小鸟，鸟身背一颗宝石，背面一柄银簪脚（图3）。与《明宫冠服仪仗图》中的图示相对照，可知这两枝金镶宝花鸟簪原是珠翠牡丹花的式样，不过制作材料用了下珠翠一等的金镶宝。

礼服中的耳环，《明宫冠服仪仗图·亲王妃冠服》列出"梅花环、四珠环各一双"。此云"四

❶《明宫冠服仪仗图》编辑委员会.明宫冠服仪仗图（北京市文物局图书资料中心藏稿本）[M].北京：北京燕山出版社，2015.

珠"，乃耳环一副，耳环一只则二珠相叠如葫芦。《礼部志稿》卷二十"皇帝纳后仪"纳吉纳征告期礼物中有"四珠葫芦环一双"，同卷"皇太子纳妃仪"之纳征礼物列出"金脚四珠环一双"，前者描写样式，后者述及耳环脚的质地，二者形制是相同的。《明宫冠服仪仗图》中对应于"四珠环"的图式即一对葫芦式珠环，明成祖后画像中绘出的也是金脚四珠葫芦环一双。湖北钟祥明郢靖王墓出土的便正是这样一对❶（图4）。不过从考古发现来看，"金脚四珠环"似乎很少见，却是所谓"金丝穿八珠耳环"❷，在明藩王墓发现最多，如湖北钟祥明梁庄王夫妇墓，江西南城明益庄王夫妇墓❸（图5），时代则从明初一直贯穿到明代晚期。腕饰，礼书见载者主要有四种，即金钑花钏、金光素钏、金龙头连珠镯、金八宝镯❹。出自梁庄王墓的金钑花钏和金八宝镯❺（图6），是很标准的样式，直到明代后期也没有太多变化。

又有裹额之饰即俗称"珠子箍儿"者，礼书中名之为"珠阜罗额子"，《明宫冠服仪仗图》把它分别列在《中宫冠服》及

图5-1 八珠耳环（珠有脱落） 湖北钟祥明梁庄王墓出土

图5-2 八珠耳环 江西南城明益庄王夫妇墓出土

---

❶ 郢靖王是朱元璋第二十四子，洪武二十三年封王，永乐六年之藩，永乐十二年病故。湖北省文物考古研究所等《郢靖王墓》，页209，文物出版社，2016年。

❷ 《明实录·神宗实录》卷四一七，万历三十四年正月甲申，"御用监上圣母册封册宝冠顶合用金宝数目"一项，有"金丝穿八珠耳环二双"。

❸ 前例今藏湖北省博物馆，后例江西省博物馆藏，本文照片为观展所摄。

❹ 明《礼部志稿》卷二十述皇家婚礼制度，其中"纳征礼物"一项列出腕饰四种，即"金钑花钏一双（二十两重），金光素钏一双（二十两重），金龙头连珠镯一双（一十四两重），金八宝镯一双（八两重，外宝石一十四块）"。

❺ 今藏湖北省博物馆，此为观展所见并摄影。

图6-1 金钑花钏与金累丝嵌宝镯　湖北钟祥明
梁庄王墓出土

图6-2 金钑花钏与金累丝嵌宝镯　湖北钟祥明
梁庄王墓出土

图7 东宫妃冠服·礼服·皁罗额子《明宫冠服仪仗图》

图8 珠子箍　北京定陵出土

《东宫妃冠服》的"礼服"项下，前者述其式曰"描金龙文，用珠二十一颗"；后者则"描金凤文，用珠二十一颗"（图7）。不过此物却并不是皇后与东宫妃专属，上至皇室，下至命妇乃至富室女眷，使用的范围其实很广，并且不仅宽窄不一形制多样，饰物也并不仅限于"珠"，而多是金银珠宝相辉映。珠子箍上面的金饰或用作花蕊，或用作宝石的托座。箍上的珠花常常是三大朵，金宝花便每为点缀其间的各式小件。定陵出土孝端皇后的一条珠子箍，上面缀着金累丝镶宝珠折枝西番莲七枚❶（图8）。以此为参照，可知出自蕲春蕲州镇明都昌王朱载塎夫妇墓十数枚大小不一的金镶宝花叶和一对蝴蝶，也当是缝缀在珠子箍上面的饰件，上面均有数量不等的细孔❷（图9）。当然既以"珠"为名，珠花为饰自然最常见，明代容像所绘多是如此，如青州博物馆藏明曹姜仲夫妇容像、冯惟讷继配魏氏容像，又常熟市碑刻博物馆藏《明鸿胪百泉归先生夫妇郁孺人二寿像》，郁孺人翠云冠的

---

❶ 此为观展所见并摄影。
❷ 今分别收藏于湖北省博物馆与蕲春县博物馆，承两馆惠允，得以观摩实物，因据所见如是判断。

图9-1 珠子箍上的饰件　明都昌王朱载塎夫妇墓出土（右为背面）

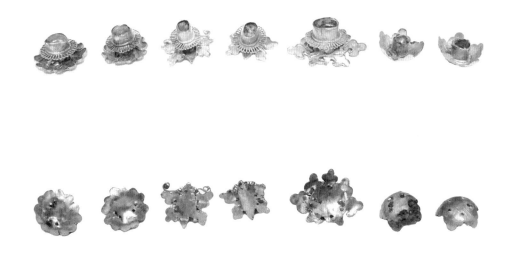

图9-2 珠子箍上的饰件　明都昌王朱载塎夫妇墓出土（下为背面）

图9-3 珠子箍上的饰件　明都昌王朱载塎夫妇墓出土

口沿下也是一道珠子箍❶（图10）。湖北蕲春蕲州镇九龙嘴荆藩宗室墓出土一件与图像中的珠子箍式样相似，珠花大小三朵，金花大小五枚，小金花缀在珠花中心为花蕊，大金花依傍两边为点缀，中间一大朵珠花的下方各一尾浪花中跃起的鲤鱼，与它呼应处的珠花上方则是腾身于祥云中的飞龙，却是借了鱼化龙的故事，使得程式化的构图既见新巧也添助美意❷（图11）。

佩垂在裙褶之上的饰件，明代主要有

两类，一为玉佩，一为七事。玉佩地位最隆。它渊源于先秦时代的组玉佩，以高贵者须行步舒缓而见其尊，故最初的时候本是节步之意。后世玉佩的形制与佩系方式都有了不小的变化，惟其中所包括的礼制的含义依旧保留下来。《明宫冠服仪仗图·中宫冠服》"礼服"一项曰："玉珮二，各用玉珩一，瑀一，琚二，冲牙一，璜二，瑀下有玉花，玉花下又垂二玉滴，瑑饰云龙文，描金。自珩而下系组五，贯以玉珠，行则冲牙二滴与二璜相触有声。上

图10-1 曹姜仲夫妇容像局部 青州博物馆藏　　图10-2 冯惟讷继配魏氏容像局部 青州博物馆藏　　图10-3 明鸿胪百泉归先生夫妇郁孺人二寿像局部 常熟市碑刻博物馆藏

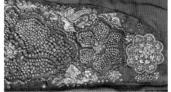

图11-1 珠子箍 湖北蕲春蕲州镇九龙嘴荆藩宗室墓出土　　　　图11-2 珠子箍局部

---

❶ 三例均为参观所见并摄影（青州馆藏，王楠摄影）。末一例刻成于明隆庆二年（常熟市碑刻博物馆《江南言子故里碑刻集·碑碣卷》，页56，上海辞书出版社，2013年）。

❷ 今藏蕲春县博物馆，此为观展所见并摄影。

有金钩，有小绶五采以副之。"《明史·舆服志》所述与此相同。北京定陵以及各地藩王墓出土玉佩的形制，与礼书中的描述并相应的图示完全相合❶（图12）。

此外一种杂以珊瑚、水晶等珍宝制为各式象生的玉佩饰，名作禁步。《明实录·神宗实录》卷四一七记万历三十四年正月甲申御用监上圣母册封册宝冠顶合用金宝数目，中有"金钑云龙嵌宝石珍珠荷叶题头浆水玉禁步一副，计二挂，间珊瑚、碧甸子、金星石、紫线宝，黄红线穗头全"。圣母，即神宗生母慈圣皇太后。禁步也同样发现于定陵及各地藩王墓❷（图13）。

次于玉佩者，名"白玉云样玎珰"。它列在《明宫冠服仪仗图·中宫冠服》的"燕居冠服"下，曰："白玉云样玎珰二：如珮制，每事上有金钩一，金如意云盖一件，两面钑云龙文，下悬红组五，贯金方心云板一件，两面亦钑云龙文，俱衬以红绮，下垂金长头花四件，中有小金钟一个，末缀白玉云朵五"（图14-1）。《礼部志稿》卷十八、《明史·舆服志》所述基本相同。以礼书中的图示为据，分别出自江西新建县乐化枫岭明墓和南昌县明墓的两枚云龙纹玉

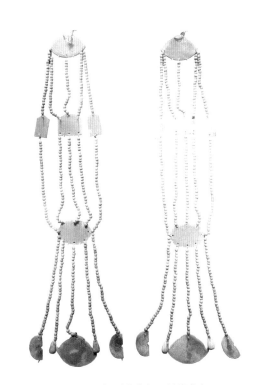

图12 玉佩　江西明益端王夫妇墓出土（彭妃物）

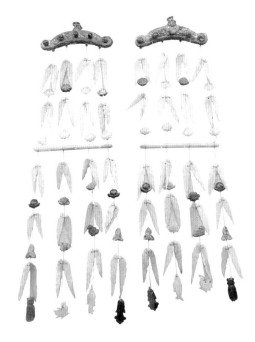

图13 禁步　北京定陵出土

❶ 如江西南城县明益端王夫妇墓出土王妃彭氏的玉佩一对（彭妃卒于嘉靖十八年）。器藏江西省博物馆，此为观展所见并摄影。

❷ 所举图例为观展所摄。

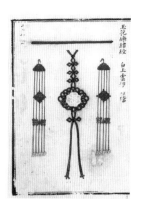
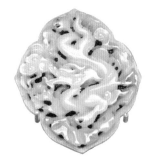

图14-1 中宫冠服·燕居冠
服《明宫冠服仪仗图》

图14-2 云龙纹玉饰 江西新建县乐化枫
岭明墓出土

图14-3 云龙纹玉饰 南昌县明墓出土

饰❶（图14-2、图14-3），似即白玉云样玎珰中两面钑云龙纹的方心云板。组合为佩饰的时候，大约它的周缘会包一重四外做出小环的金边，以便贯穿红组。只是至今尚未发现与礼书图示相合的完整一副。

白玉云样玎珰于礼未如玉佩之隆，因此在宫廷戏剧的穿戴中也用于王公和仙官，如《钟离春智勇定齐》为齐公子规定的穿戴，即"簪缨公子冠，上衫袍，方心曲领，火裙，锦绶牌子，褡膊，玎珰，带，三髭髯，执圭"。稍变其式，"玎珰"便成礼制之外的所谓"七事"，或又叠称"玎珰七事"。明顾起元《客座赘语》卷四解释此物道，"以金、珠、玉杂治为百物形，上有山云题若花题，下长索贯诸物，系而垂之，或在胸曰

坠领，或系于裙之要曰七事"。可知七事的样式与坠领大抵相同，即在山云题的挂链下端系坠各种小用具或吉祥物之类的"百物形"，只是一饰于胸襟，一饰于裙裾。荆恭王朱翊钜夫妇墓出土金镶玉玎珰七事通长将及三十厘米，顶端花题和中间的金镶玉圆板分别做成四幅小品画，金累丝的装饰框里两面各成画幅。花题一面是金摺丝镶珠嵌玉折枝茶花，一面是金摺丝镶玉石榴黄鸟，每个石榴嘴边都点了金粟粒做成的几颗石榴籽。金链拴着的一对金玉折枝石榴分置于金镶玉圆板上下。圆板一面嵌着玲珑玉：草坡山石间一只口衔瑞草的凤凰，玉凤回首处是枝头的一只小鸟，下方一大朵玉牡丹；另一面的金累丝画框里是一幅庭园人物小景：牡丹、松枝、竹林、山石布景，松间竹畔的玉人头

---

❶ 两件玉饰均为江西省博物馆藏，曾先后展陈于"玉叶金枝：明代江西藩王墓出土玉器精品展"（良渚博物院）和"气度与风范：明代江西藩王墓出土玉器"（北京艺术博物馆）。前者展览前言中说道，展出的器物"均为明代江西宁、益两大封藩藩王及其家族成员所配用"。本文照片为观展所摄。

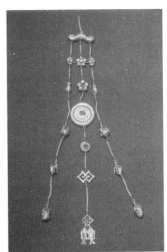

图15-1 金镶玉玎珰七事（右为另一面） 荆恭王朱翊钜夫妇墓出土　　　　　　图15-2 金镶宝玎珰七事　湖北蕲春明
荆端王次妃刘氏墓出土

戴小冠支颐倚坐在山石边，浓荫里小鸟栖枝探身下望。底端三事是一对玉花高耸的金累丝花盆分缀两边，满插着金玉花枝的一个累丝花瓶垂系在中间。打造、编结、摺丝、累丝、镶嵌、攒簇，众工会聚于玎珰一挂，"以金、珠、玉杂治为百物形"，在用心的工匠手下却是般般弄巧，簇簇能新❶（图15-1）。出自湖北蕲春刘娘井明荆端王次妃刘氏墓的一副长三十七厘米，顶端为下覆的一个荷叶花题，其下垂系三挂金链，中间一挂缀着金嵌宝花朵、金叠胜、衔花结的双鱼，两边对称系着象生葫芦、石榴、柿子和荔枝❷（图15-2）。压枝瑞果成此牵连婉曼的一串，金光明灭，自当随娇步而回漾。

朝廷赐予之外，金银首饰之大部分是王府自造。江西明益宣王朱翊钌夫妇合葬墓出土金凤簪一对，其上铭曰"大明萬曆庚辰五月吉旦益國內典寶所成造珠冠上金鳳每只計重貳兩貳錢八分正"❸。典宝所是王府机构，凤簪出土时，也正是插在点翠珠冠的两侧。此外也有一部分出自民间制作。清朱素臣《翡翠园》传奇第四齣〔赵珠花背包匣上〕道："老身夫家姓赵，原籍湖州，三十八代家传，穿珠点翠为活"，"年前，麻长史要穿一顶万寿珠冠，送到宁府里去上寿，限定正月二十日就要完工"。剧作者生于明天启年间，此传奇乃以明中期宁王朱宸濠起兵叛乱事为背景，若干故事

❶ 今藏湖北省明藩王博物馆，承馆方惠允得以观摩实物，本文照片承浙江省博物馆提供。

❷ 今藏湖北省明藩王博物馆，承馆方惠允得以观摩实物，本文照片承浙江省博物馆提供。

❸ 今藏湖北省博物馆，此为观展所见并摄影。

内容也有史实依据，而王府官员进献上寿物事，原是常情，那么戏曲中的这一细节不妨作为我们认识王府首饰的参考。

总之，除礼仪制度（包括婚礼用物）之内的固定品类如凤冠、凤簪、帔坠、八珠环、八宝镯、钑花钏之外，王府金银首饰的造型、名称与样式，比如罩发的七梁、五梁冠、花钿、分心、满冠、挑心、掩鬓、鬓钗、顶簪之类，与明代的通行式样大抵无别，不过以珠宝美玉的大量使用而更见侈丽，以财力雄厚得以不惜工本，务求新巧而有样式之纷纭和工艺之精湛。

二、戏台上下

朱棣为燕王时，燕邸曾聚集了一批由元入明的杂剧作家，如贾仲明、汤舜民。其后燕王成为永乐皇帝，对杂剧却是赏爱依然。汤舜民〔正宫·端正好〕散套《元日朝贺》一支中唱道"瑶池青鸟传音耗，说神仙飞下丹霄。一个个跨紫鸾，一个个骑黄鹤。齐歌欢笑，共王母宴蟠桃" ❶，正是元日朝贺之际搬演杂剧的情景。贾仲明有《宴瑶池王母蟠桃会》杂剧，筵间上演的很可能就是这一出❷。而这种庆寿剧的宫廷演出几乎贯穿整个明代❸。藩府也与宫廷同风，即祝寿必要演剧。周宪王作于宣德四年的《新编群仙庆寿蟠桃会》前有小序述其作意："自昔以来，人遇诞生之日，多有以词曲庆贺者。筵会之中，以效祝寿之忱。今年值予度，偶记旧日所制〔南吕宫〕一曲，因续成传奇一本，付之歌，唯以资宴乐之嘉庆耳。" ❹ "今年值予度"，

---

❶ 隋树森.全元散曲[M].北京：中华书局，1981.

❷ 廖奔，刘彦君.中国戏曲发展史（第三卷）[M].太原：山西教育出版社，2000.

❸ 脉望馆（明赵琦美书室名）钞校内府本，封面标曰"本朝教坊编演"的吉庆剧有《宝光殿》《献蟠桃》《庆长生》《贺元宵》《万国来朝》《八仙过海》《紫薇宫》《长生会》《太平宴》《群仙祝寿》《庆千秋》《广成子》《黄眉翁》《群仙朝圣》《闹钟馗》等。

❹《朱有燉集》（赵晓红整理），页142，齐鲁书社，2014年。按本文所引周宪王杂剧均据此本，以下不再一一注明。又按：脉望馆钞校内府本有《庆赏蟠桃会》，封面标曰"本朝教坊编演"，署"周王诚斋"，实为朱有燉《群仙庆寿蟠桃会》的改编本，前三折大略相同，第四折大异，似是照内府承应戏规格而改编（李修生等《古本戏曲剧目提要》，页145，文化艺术出版社1997年）。这里不妨再录一则明人笔下的奇闻逸事，以见杂剧已是衰落的明代中晚期此剧却依然为大众所喜：钱希言《狯园》卷四《蟠桃会》："嘉靖初年，有优伶十人，不知何处来，尝过楚之常德，寓邹溪市镇上，搬演歌舞，妙绝一时。市人竞相称赏，徼逐聚观，遂无虚日矣。后忽告归，市人厚以金帛酬之，强留搬演。其夕至四鼓，重点《蟠桃庆寿》杂剧。群伶命令市人置一大甍于剧场中央，八人装为八仙，次第走入甍中，曰：请了，众弟兄们，同下海赴蟠桃会去也。良久不出，止存司鼓板者二人，故起而扬言曰：你们应是醉倒瑶池上，往而不返耶？须往视之。持其鼓板，亦走入甍中不出。市人取甍视之，空无所有，竟不知何往矣"。

是年作者五十初度也。明代藩王墓出土以仙人为装饰题材的簪钗，当与这一类戏剧人物密切相关。若金银首饰成副，那么祝寿主题正不妨以杂剧形象，如《宴瑶池王母蟠桃会》之类为粉本做成造型不同的若干件，然后总成一幅喜庆图案，如同群仙庆寿剧的末折必有众仙同场祝寿的热闹。

群仙中以"八仙"的名称最响亮，它的出现原是以庆寿为因，大约绘画与戏剧是同步的，出现的时间不晚于宋金，只是八个仙人名姓和作为人物标识的道具，经历了很长的演变过程才固定下来❶。后世八仙组合中必有的何仙姑，此际尚在游离状态，要到嘉靖时期方始确定加入。不过不论八仙画抑或八仙剧，既用于祝寿，注重的自然是它的喜瑞色彩，因此手中持物与人物身世是否贴合实非要义——何况每位仙人的传说都有多种版本——倒是以手

中持物见祥瑞最为打紧，也因此八仙的传播与演变过程中，手中物事的归属最是不确定，换句话说，是安排最为随意。山西侯马金墓出土八仙藻井砖雕是吕洞宾、张果老、钟离权、曹国舅、蓝采和、韩湘子、李铁拐、徐神翁❷（图16）。周宪王作于宣德七年的《新编瑶池会八仙庆寿》里，八仙名姓与此相同。北京右安门外明万贵夫妇墓出土的金八方酒盂，外壁每一面各錾一个仙人也是如此八位：吕洞宾负剑，张果老负葫芦，蓝采和持拍板，韩湘子捧花篮，徐神翁吹笛，曹国舅肩后伸出一个笊篱，钟离权背后微露棕扇，铁拐李身侧探出铁拐❸（图17）。入葬年代为成化十一年❹，而随葬金银用器的制作时间当早于此年。墓主人之女是明宪宗宠妃万氏，金器出自宫廷赏赐也很有可能❺。八仙酒盂的人物安排正好可以与有内府演出本的《争玉

图16-1 八仙藻井砖雕（吕洞宾·张果老·钟离权·曹国舅） 图16-2 八仙藻井砖雕（蓝采和·韩湘子·李铁拐·徐神翁）
山西侯马金墓出土

❶ 赵景深.中国小说丛考·八仙传说[M].广州：齐鲁书社，1980：229-250.
　　浦江清.浦江清文录·八仙考[M].北京：人民文学出版社，1989：1-46.
❷ 今藏山西博物院，本文照片为参观所摄。
❸ 今藏首都博物馆，本文照片为观展所摄。
❹ 北京市文物研究所.北京考古四十年[M].北京：北京燕山出版社，1990：204.
❺《明史》卷三〇〇《外戚传》曰万贵"颇谨饬，每受赐，辄忧形于色"，可见来自宫禁的赏赐是很多的。

图17-1　金八方酒盂外壁（韩湘子·徐神翁·蓝采和）北京右安门外万贵夫妇墓出土
图17-2　金八方酒盂外壁（李铁拐·张果老·汉钟离）
图17-3　金八方酒盂外壁（曹国舅）

版八仙过沧海》杂剧合看：第二折吕洞宾唱一支〔滚绣毬〕——曹国舅将笊篱作锦舟，韩湘子把花篮作画舫，见李岳将铁拐在海中轻漾，俺师傅芭蕉扇岂比寻常，徐神翁撇铁笛在碧波，张果老漾葫芦渡海洋，贫道踏宝剑岂为虚诞，蓝采和脚踏着八扇云阳❶。八仙酒盂錾刻的人物与《八仙庆寿》和《八仙过海》两部杂剧如此一致，应该不是巧合。周宪王《八仙庆寿》且借了韩湘子唱的一支〔南吕·牧羊关〕，把仙人手中的道具一一赋予祥瑞的含义：李铁拐的一支拐是"拄乾坤万载千年"，"刚强如松柏坚"；徐神翁佩的葫芦"包藏着大地山河"，"满贮着灵丹药"；韩湘子提的篮儿是"提撕的福寿全"，吕洞宾的花"是个不老长生种"，"移种在蓬莱阆苑"。第四折结末又是吕洞宾唱的一支〔双调·水仙子〕，道是汉钟离遥献紫琼钩，张果老高擎千岁韭，蓝采和漫舞长衫袖，捧寿面是曹国舅，岳孔目这铁拐拄护得千秋，献牡丹的是韩

湘子，进灵丹的是徐信守，"贫道庆寿呵，满捧着玉液金瓯"。曹国舅捧寿面是扣合他手中的一柄笊篱，韩湘子献牡丹则源自他有令牡丹顷刻开花的神通。最终是"瑶池奉献仙桃寿，福禄顺尊星列宿，享富贵亿千春，乐荣华万年久"。

"瑶池奉献仙桃寿"的喜乐，自然也是王府簪钗设计汲取的重要资源。明代的首饰或曰头面一副，通常是大大小小一二十件，颇便于会聚群仙，八仙之外，更有寿星、王母、毛女、刘海。蕲春荆恭王朱翊钜夫妇墓出土金镶珠宝群仙庆寿钿❷（图18），细窄的一道弯梁上九只金镶宝仙鹤，个个仙鹤口衔灵芝，鹤背的"螺丝"之端站着手中持物的群仙：汉钟离持棕扇，吕洞宾持剑，曹国舅手拿笊篱，刘海戏蟾，铁拐李一手持拐杖，一手捧葫芦。蓝采和持拍板，韩湘子一手提篮，一手捧花，张果老拿着芭蕉扇，徐神翁拿着渔鼓和简板。弯梁两端各做出一个圆环，

❶ 收入《孤本元明杂剧》（四）。
❷ 今藏湖北藩王博物馆，承馆方惠允往观，亲抚实物，因得以确认诸仙手中持物并为之定名。本文照片承浙江省博物馆提供。

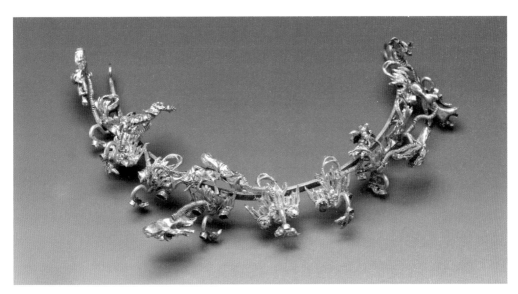

图18 金镶珠宝群仙庆寿钿　蕲春荆恭王朱翊钜夫妇墓出土

原是为着穿上带子以佩系。组合为金钿纹样的所有部件都是用片材打制成形，因此分量很轻，部件的固结除了攒焊又有"螺丝"——以一根粗丝为芯子，在芯子上等距离缠绕细丝成螺丝状，抽掉芯子，细丝便盘旋动摇如弹簧一般，自然使它插戴起来随步而颤，正好似剧中的群仙"舞碧落青鸾队队，带红霞彩凤翩翩"（《新编群仙庆寿蟠桃会》）。金钿群仙中的刘海（又名刘海蟾）也见于内府演出本《群仙祝寿》杂剧，为下八洞神仙之一，祝寿的供献是"金钱一串、金蟾一个"❶。金钿之外，同墓出土还有一对仙人乘鹤金簪，均长14.7厘米。簪脚中腰一个口衔花球的龙头，花球上面一个菊花台，菊花心上又是一个金镶宝的大花球，其端托出一方六角露台，铺着斜方砖的露台中间以一根"螺丝"与仙鹤相连，驾鹤仙人的背上复接一根从扁管里穿出来的"螺丝"，顶端撑出金镶宝的华盖。仙人头梳双髻，其一横笛凝神吹奏，其一左手持简板，揽渔鼓在怀，右手拍击下方的鼓面❷（图19-1）。同墓出土的另外一对金簪脚，形制与这一对十分相似，簪首纹样很可能也是仙人❸（图19-2）。果然如此，那么几枝金簪当初必是与金钿合为群仙庆寿首饰一副。数件均为王妃胡氏物，

---

❶ 此剧有脉望馆钞校内府本，封面标曰"本朝教坊编演"。又剧中一众精怪久候山神，山神迟来，虎精责问道："你敢去东华门外买牛肉包儿吃去来，是也不是？"此插科打诨也正是凑着宫廷演出之趣。

❷ 金钿与金簪均藏明藩王博物馆，承馆方惠允观摩并拍照。

❸ 今藏湖北省博物馆，承馆方惠允观摩并拍照。

图19-1 仙人乘鹤金簪　蕲春荆恭王朱翊
钜夫妇墓出土　　　图19-2 金簪脚
　　　　　　　　蕲春荆恭王朱翊
　　　　　　　　钜夫妇墓出土

图20 金镶宝玉群仙庆寿钿　江西南城明益宣王夫妇墓出土

图21 金镶宝毛女耳坠　南京太平门外板仓徐达家族墓出土

妃卒于嘉靖四十三年。

　　江西南城明益宣王夫妇墓出土金镶宝玉群仙庆寿钿一件，又金镶宝王母骑青鸾挑心一枝，金累丝镶宝双龙捧福寿簪一对，皆属继妃孙氏，也当合为群仙庆寿首饰一副。金钿为双层的金制弯弧，表层上缘的一溜朵云边与下方的海水江崖组成九个嵌宝的小金龛，金龛里各立一个玉仙人，寿星扶杖立在当心，两边对称排着玉八仙：左侧何仙姑拈花枝，张果老持简板击渔鼓，曹国舅击拍板，韩湘子吹笛；右侧铁拐李负葫芦，吕洞宾负剑，蓝采和捧花篮，汉钟离摇棕扇。金钿背衬接焊四个扁管，中穿一根窄银条通贯整个金钿，银条两端的打弯处穿系带子❶（图20）。这一件金钿的八仙组合以及仙人的手中持物，已经是完成形态。孙妃卒于万历十年，万历三十一年与王合葬。

　　群仙庆寿剧中，毛女也是一位几乎不可缺少的角色。周宪王《新编瑶池会八仙庆寿》即专有一节为伊人画像——李铁拐云："贫道是宋朝之人，后学浅闻，未知上古，敢问这山中毛女，不知是何代之人？"吕洞宾唱道："山中毛女为仙卷，想起那秦世又千年，他餐松啖柏看经卷。"问曰："怎生这般打扮？"答道："采树叶身上穿，把药笼背后悬，

❶ 今藏江西省博物馆，本文照片为观展所摄。

将葛蔓腰间缠。闲向山边，种得芝田，戏银蟾，携白鹿，引玄猿，饥寻野果，渴饮清泉。"于是"引他去赴华筵，礼诸仙，瑶池庆会共忻然，看了他秀色清姿堪为金母侍，清歌妙舞宜在寿星前。"而"采树叶身上穿，把药笼背后悬"，也正是流传过程中逐渐固定下来的形象。《西游记》里，毛女被派作为牛魔王的山洞守门，却也面貌未改——第五十九回，悟空到了芭蕉洞口叫门，"'呀'的一声洞门开了，里边走出一个毛儿女，手中提着花篮，肩上担着锄子，真个是一身蓝缕无妆饰，满面精神有道心"。毛女故事用作首饰纹样，也是妆扮如同戏曲小说。南京太平门外板仓徐达家族墓出土一对金镶宝毛女图耳坠，用弯脚挑起一顶花盖，底端一捧花丛，花丛上面一个仙人，头挽高髻，颈戴项圈，上覆草叶披，下系草叶裙，荷一柄药锄，背一个药篓，药篓里插着灵芝❶（图21）。蕲春明都昌王朱载塎夫妇墓出土一枝金簪❷（图22），簪长17厘米，簪脚与簪首以龙头相接，龙身隐于海浪，浪尖上生出层层莲花，花心托起一个栏杆回护的六角台，台上擎出一个曲柄花叶伞，伞

下是背负花篓的仙姑，身披草叶衣，腰系草叶裙，左手拿葫芦，右手托一颗珠——"采树叶身上穿，把药笼背后悬"，不必说，簪首纹样正是瑶池庆会上的毛女。

祝寿以及喜庆时节搬演戏剧之外，王府平日宴集也多以演剧侑觞，除却必要有的吉庆戏，排场热闹或谐谑可供笑乐者，也当是常常上演的剧目。明郎瑛《七修类稿》卷五十《奇谑类》"不知画"条记一则逸事："嘉靖初南京守备太监高隆，人有献名画者，高曰：'好，好。但上方多素绢，再添一个三战吕布最佳。'人传为笑。"这固然是一个不懂画的笑话，但此中却也传出另外的消息，即《三战吕布》杂剧以及题材相同的图画都是内臣熟悉的。今存元郑光祖《虎牢关三战吕布》杂剧为脉望馆钞校本，其后附有"穿关"亦即穿戴关目，而这一类多为内府演出本❸。此可为郎瑛的纪事添一个注脚。湖北蕲春蕲州镇姚垮荆王府墓出土一枝分心，簪首纹样正是三英战吕布（图23）。三事如此相互映照，很可见出宫廷风气。杂剧情节原是本于《三国志平话》，全剧四折两楔子，三英战吕布的情节即放在第四折前面

---

❶ 南京市博物馆．明朝首饰冠服[M]．北京：科学出版社，2000：128．按图版说明作"药神形金耳坠"。本文照片为参观所摄。

❷《金色中国：中国古代金器大展》，页342。图版说明称作"金镶宝石仙人采药纹簪"。器藏蕲春县博物馆，承馆方惠允观摩实物并拍照。

❸ 收入《孤本元明杂剧》（一）。按赵氏钞校剧本的时间在万历末年，而穿关的年代当早于赵氏转录的时期，很可能是嘉靖、隆庆或更早时候的宫廷艺人所制定。本文描述簪首纹样中的人物穿戴，即多依据杂剧所附穿关。

图22 毛女金簪　明都昌王朱载塔夫妇墓出土

图23 三英战吕布银鋄金分心　蕲春蕲州镇姚垸明荆藩墓出土

图24 元至治建安虞氏刻本《新刊全相平话三国志》插图

的楔子里。激战的一招一式由张飞的一支〔赏花时〕依次道来——"不是张飞夸大口"（吕布云：某仗方天戟，要夺取江山，量你到的那里也）；"则你那方天戟难敌丈八矛"（刘备躧马儿上，云：三兄弟放心，看某与吕布交战者）；"大哥哥双股剑冷飕飕"（二人交战一合科，关羽躧马儿上云：家奴少走，吃吾一刀。战科）；"二哥哥三停刀可便在手"（吕布云：他三人十分英勇，某近不的他。拨回马逃命。走走走。刘备云：家奴走了也。张飞云：二位哥哥放心）；"我可直赶上吕温侯"。躧马儿，在此专指跃马的表演程式。分心的簪首纹样便如同这一场景的传摹：画面右方是头戴凤翅盔跃马挺矛战吕布的关羽，拨马逃命的吕布持戟反身，且战且走，左方头裹渗青巾的张飞拍马向前，后面刘备手持双股剑驱马回转欲和两兄弟一同追战。对比元建安虞氏刻本《新刊全相平话三国志》中三英战吕布一节上栏所配插图❶（图24），可见二者布局相同，惟方向相反。又因为分心特有之造型的缘故，把一座虎牢关安排在当心成为背景。而人物的穿戴与一招一式，又马辔头、马鞍鞯以及刘备坐骑待要转身向后的一瞬，乃至关羽颔下的一部浓髯，以锤錾打造出来的传神与生动，不输版画。簪首纹样设计一方面可以戏曲表演为依凭，一方面也当有图像——如高隆所熟悉者——为粉本。

蕲春黄土岭村明墓也是荆藩墓，出自该墓的一枝分心，簪首纹样为四马投唐不❷（图25）。或曰"四马投唐取材《隋唐演义》，元代始编创成杂剧曲目，一般认为是演绎长安城下秦琼、程咬金、魏徵、徐懋功归顺大唐故事"❸，非也。褚人获《隋唐演义》作于清初。"四马投唐"亦非"秦琼、程咬金、魏徵、徐懋功归顺大唐"。无名氏《四马投唐》（全名《长安城四马投唐》），演隋末李密事，本事见于《资治通鉴·唐纪》及《新唐书·李密传》。

"四马投唐"一语在剧中不止一次出现，首见便是头折结末李密的下场诗："则今日俺四人投唐，走一遭去，金墉城镇守边疆，王世充定计借粮。申时计散了雄兵，罢罢罢，不得已四马投唐。"所谓"俺四人"，即李密、王伯当、柳周臣、贾闰甫。此剧现存脉望馆钞校内府本❹。

簪首纹样以一带雄峻的城墙布景，重檐歇山顶的主楼，正脊中间一个宝顶，两端做出吞脊的鸱尾，而下方重檐两端也各有鸱尾高翘。城墙与城门分别錾出砖纹与浮沤钉。画面左方两骑头戴凤翅盔，身穿铠甲，肩有覆膊，前面一人徒手控缰，后面一人挟弓，按照脉望馆钞校内府本所附"穿关"，柳周臣和贾闰甫的穿戴是凤翅盔。画面右方骑马在前者是头戴三山帽的李密，其后为王伯当。马后两个卒子头戴红碗子盔，李密马后的卒子擎出一柄三簷伞，对面的一个执幡旗，旗面用锥点纹錾出"四马投唐"。画面左角一人面上罩了鬼头，当是出现在第三折的鬼力；右角一人背对观者，头梳丫髻，身负毡帽，应为同是出现在第三折的樵夫。城楼上两个头梳丫髻探身下望的童子，城门前立一人双手捧笏，或者表现的是李靖。王季烈《孤本

---

❶ 郑振铎. 中国古代木刻画选集[M]. 北京：人民美术出版社，1985.
❷ 器藏蕲春县博物馆，承馆方惠允观摩实物并拍照。以下两例同此。
❸ 陈春《蕲春出土明代金首饰装饰题材举隅》，页354，《湖南博物馆馆刊》2013年·第十辑。又同页，曰"虎牢关前三英战吕布取材《三国演义》，是家喻户晓的经典故事"。其实此际更有影响的是元刊《三国志平话》。
❹ 收入《孤本元明杂剧》（三）。

图25 四马投唐金分心　蕲春黄土岭村明荆藩墓出土

图26 二乔读书金掩鬓　蕲春蕲州镇姚垮明荆藩墓出土

殃，这的是断大义施纲纪，正人伦训典常。自古贤良，麒麟阁图仪像，史记内传扬，博一个清名万古香。"作为王府首饰，选取纹样之际必会有如此这般的运思，何况此类杂剧本来也是王府经常搬演的剧目。又有蕲州镇姚垮荆藩墓出土的一对掩鬓，其中一枝是"二乔读书"：小小一座楼阁为远景，近景是牡丹花丛旁边的一架插屏，屏前两个绣墩，绣墩上坐着花冠云肩妆束相同的两个女子，略微矮一点的手持书卷，当是小乔，"二乔"两边各一个手捧奁盒的侍女（图26）。虽然"二乔读书"在此之前早已是绘画题材，如杨维桢《题二乔观书图》"乔家二女双芙蓉"，"乔家教女善诗书"；明代它常常悬挂在闺阁，如李昌祺《剪灯余话》卷五《贾云华还魂记》曰娉娉房间里，"东壁挂二乔并肩图"，而它也为工艺品装饰所取用，

元明杂剧提要》述此剧曰："事亦略本《唐书》，而多增饰。关目过于繁杂，曲亦率直无俊语，惟排场热闹而已。"不过作为宫廷演剧，"排场热闹"正是最为合宜。正如《三战吕布》结末高唱"今日个中原清静昇平像，保山河臣宰贤良"，"端的是太平之世，愿圣寿永无疆"，此剧末尾也是一段可借以袒露忠诚的唱词："常言道忠孝的享荣昌，叛逆的受灾

如常熟博物馆藏一枚"子冈"款明代玉牌❶
（图27）。不过这里也不妨依仿前例，检阅
元无名氏《娶小乔》，——头折，净扮兴儿，
道："你不知，那一日家里小姐着我问大乔
讨鞋样儿去，我到的大乔房里，他姊妹两
个，正搭伏着肩髃看书哩。"❷

作为流行题材的"琴棋书画"，自然
也是首饰设计欢喜取用的纹样，但要在程
式之外别出机杼，熟悉中见生新，方可显
出好来。蕲春蕲州镇黄土岭村荆藩墓出土
一对掩鬓中的一枝，前景是一张三弯腿内
翻马蹄的书案，关公渗青巾，三髭髯，服
袍，系带，跷起一足，展卷读书。旁设一
几，点着蜡烛。两边各一个头戴红碗子盔
的侍从，一人捧盒，一人剔烛，随侍在关
公身后边的两个小童，其中一个为主人手
扶着青龙偃月刀（图28-1）。如果逆推纹
样设计的构思来源，那么可以检出《怒斩
关平》杂剧第三折中的一个场景——正末
扮关云长，唱一支〔醉春风〕："这些时稳
收着三停刀，尘蒙了一副甲，则我这腰悬
宝剑不离匣，常则是插、插。我闲时节
看一会春秋，讲一会左传，并无那半星
儿牵挂。"掩鬓的纹样主题是"关公读春
秋"，而又刚好切了"琴棋书画"四事中
的"书"。与它合作一对的另一枝，布局
相似，但换了器具（图28-2），从主人公

❶ 此为参观所见并摄影。

❷ 今存脉望馆钞校内府本，收入《孤本元明杂剧》（三）。

图27 明"子冈"款玉牌　常熟博物馆藏（下为背面）

图28-1 金掩鬓（"琴棋书画"之"书"）　图28-2 金掩鬓（"琴棋书画"之"琴"）　图28-3 明黑漆螺钿楼阁人物座
蕲春黄土岭村明荆藩墓出土　　　　　蕲春黄土岭村明荆藩墓出土　　　　　屏局部　东京国立博物馆藏

的姿态和手势来看，必是抚琴，小童在一旁焚香，也与琴事相合[1]（图28-3），只是脱落了原当焊接在面前的一具琴桌。

三、四时行乐

时常搬演于宴集的戏剧固然是王府首饰设计的文化资源，此外，绘画、刺绣以及其他工艺品中的流行纹样，也都是首饰设计方便选取的图像资料。江西南城明益庄王墓夫妇出土属之于继妃万氏的九枝金簪，是题材别致的一副[2]。它是宋元明绘画中楼阁图式的移植，而成功设计为一种新的视觉形式。九枝金簪主题一致，依插戴位置和名称不同而造型各不相同，即顶簪、挑心、分心各一枝，鬓钗一对，掩鬓两对，累丝的透空朵花底衬纹样相同，制作工艺与纹饰风格也相同，当是同时打造。依仿《天水冰山录》中的命名，便是金累丝楼台人物首饰一副。

楼阁图式依然是传统的山字形排列，不过以造型之别而灵活变化。顶簪一枝，金累丝的镂空花板制成一座月台，月台以雕栏环抱，栏边藤蔓缭绕以成万树琪花芳菲绕阁之境。又有矮几上面的盆花舒枝展叶，漫步的仙鹤与鹿可见清幽。左边一座十字脊的重楼叠阁，正脊中间一个宝顶，博风板下是透空式山花。楼阁里一个宽衣大袖的捧盒女仙，肩上飞着披帛，女侍低

❶ 可与其他工艺品中的图案相对照，如东京国立博物馆藏明漆黑漆螺钿楼阁人物座屏中的抚琴图，《中国の螺钿》（东京国立博物馆编集发行），页91，便利堂，1981年。

❷ 江西省文物管理委员会《江西南城明益庄王墓出土文物》，页48，《文物》1959年第一期。按万氏嘉靖二十六年三月初一册封为益庄王继妃，万历十八年卒，次年入葬。九枝金簪今藏中国国家博物馆（文物出版社2010年版《江西明代藩王墓》彩版三五至三六均为复制品，该书关于这几件金簪的描述也是依据复制品），承馆方惠允观摩，得以审视细节，以下叙述即为亲见所得。

眉拱手立在门外栏边。右边一座攒尖顶的亭子，亭中一榻，榻上一人高卧，槛窗下边的女侍手捧花瓶。另有女侍二人肃立在亭子背面。瑶台下边一只因疾速飞旋而不见身形的凤凰，折腰反首，托起瑶台。追着凤凰的一朵流云定身在凤尾处，于是成为支撑簪脚的一个托架。扁平的簪脚与凤身相接，复弯向云朵，然后垂直下伸，正是顶簪最常见的形制（图29-1）。

挑心一枝，金累丝的花叶与牵绕于上下的花蔓同累丝透空朵花的背板一起撑起楼台殿阁，下方五座比屋连甍，各个帘幔高卷，中间一楹一人对着棋局，旁边一人抚琴，一人展画。又有捧盒者一，捧盘者一，分别侍立在两侧。耸起于后方的高阁里坐了一对捧卷的读书人。显见得挑心纹样是取自于当日流行的琴棋书画图，却又把也是流行题材的“二乔读书”移植过来。背面的一柄簪脚平直后伸（图29-2）。

分心的造型与纹样差不多是传统仙山楼阁图式的套用，不过以细节的处理使它成为一幅宴饮图。杰阁参差殿宇峥嵘，以象府第宏丽壮阔。近景是台基上面曲槛回护的一溜殿阁，前设三道高阶。开敞的殿堂里，主人捧圭端坐中间，两边各有侍者四人，除左右各一人手持打扇之外，其

图29-1 金累丝楼台人物顶簪　江西南城明益庄王墓夫妇出土

图29-2 金累丝楼台人物（琴棋书画图）挑心

图29-3 金累丝楼台人物（宴饮图）分心

图29-4 金累丝楼台人物（理妆图）掩鬓·右　图29-5 金累丝楼台人物（簪花图）掩鬓·左

图29-6 金累丝楼台人物（理妆图）掩
鬓·右（局部）　　　　图29-7 金累丝楼台人物（理妆图）掩
鬓·左（局部）

余各个捧物。主人左侧一方的奉侍者，第一人手捧注子，第二人奉食，右侧一方奉侍者，第一人手捧承盘，盘承爵杯。分心背面横贯金梁一根，中间起棱的扁平簪脚固定于金梁，然后平直后伸（图29-3）。

花叶形掩鬓一对（图29-4、图29-5）。两枝造型一致，只是以叶尖外拂的方向不同而别出插戴位置之左右。图案同样布置为雕栏曲回的画阁层楼，上方殿堂中间端坐者捧圭，持打扇者分立在左右两旁。下方厅堂帘幕高揭，而戴在右边的一枝，女主人在矮几上面的盆里洗手，前方女侍捧巾，后面女侍抱琴，尾随者捧盒。戴在左边的一枝，女主人右手持镜，左手簪花，前方女侍捧瓶，后面女侍拈花枝，又有一人捧物相随。又云朵式掩鬓一对（图29-6、图29-7），表现内容与花叶式掩鬓大抵相同，其中一枝也是临镜理妆：侍女之一在主人面前举一面圆镜，侍者之二在主人后侧捧镜台。

鬓钗一对，构图与掩鬓相类，不过以造型细窄而稍事省减构图元素。上下殿堂均为居中端坐的捧圭者，下方的主人两旁也都各有侍者，只是主人右边的侍者持物不同，即一是捧钵盂，一是捧唾盂（图29-8）。

"仙人好楼居"（《史记·封禅书》），是西汉或者更早即已产生的概念，以楼阁宫室象征美丽富足的无忧之境，这一基本寓意始终贯穿这一图式。明代簪钗也常常取它布置纹样，《天水冰山录》所列"金厢楼阁群仙首饰一副"，"金厢寿星楼阁嵌宝首饰一副"，大抵此类。出自明代墓葬的实例也有不少❶（图30）。明益庄王墓出土的万妃金簪借用楼阁群仙的构图，却是表现世间生活，当然这也是延续传统做法，即以旧有图式，讲述新的故事。至于框架里的细节设计，金簪有取意于王府日常生活实录的成分，大约也借鉴了不少当日流行的各种图像。如以古意比拟当下，绘制不止一人、传世不下十数件的《汉宫春晓

图29-8 金累丝楼台人物鬓钗

图30-1 楼阁群仙金满冠　上海李惠利中学明墓出土

图30-2 金仙人满冠　无锡博物院藏

❶ 如上海李惠利中学明墓出土戴在口髻后面的金满冠（今藏上海博物馆），又如无锡博物院藏构图相似的一枝仙人金满冠。本文照片均为参观所摄。

图》。所谓"汉宫",在这里便只是雍容华贵、富足安乐的日常生活之象征。一般是取长卷的形式,以庭园楼阁布景,以人物的各种活动组成不同的画面。辽宁省博物馆藏《汉宫春晓图》,纵33.8厘米、长562厘米,《石渠宝笈》著录为仇英,实为明代晚期之作。携琴游园,池亭对弈,展卷读书,又有捧着书画轴的侍女,以此把琴棋书画之意做足。此外,高阁里对镜理妆,园子里折花插发,山石绿茵间设席饮酒,时风之下的闺阁清雅,也莫不撷入画图❶(图31-1~图31-6)。万妃的金累丝楼台人物首饰一副九枝,合起来看,也正类同于这样的长卷,而从周宪王散曲中信手拈来一支,即堪为题跋:"盈玉盒仙桃高捧,合瑶笙仙曲齐讴,展素羽仙鹤对舞,饮清泉仙鹿驯游。四般儿妆点的仙境清幽,三般儿成就了千载遐修"〔北南吕·梁州《庆赏》〕。

明代藩王墓历代不曾盗扰、今经科学发掘而原始信息及资料保存全面者,极少。今天能够看到的用于随葬的王府金银首饰,不过如同断简零编,实在难以构成完整的叙事。除有铭文者外,具体的制作年代多不易判定。若根据有限的资料勾勒一个粗略的轮廓,那么就女性簪钗来说,大致可以认为,明代前期样式较少,装饰题材的扩展以及品类的丰富,集中在嘉靖及嘉靖以后。名称样式与通行于民间者区别无多,但相比之下体量却可称巨。用材和做工自然也迥出于一般的民间制作。既可以不吝靡费用珠宝金银妆点出簪钗上的啼莺舞燕,花草呈祥,也可以用无所不至的精巧在方寸世界里"吹的箫管,搊的筝琶,做的杂剧本色儿诸般妙"(朱有燉〔北双调·重叠字雁儿落过得胜令〕《咏美色》),出自湖北蕲春都昌王朱载塎夫妇墓的王妃首饰与江西南城明益庄王墓夫妇出土继妃万氏的九枝金簪,尤为此中翘楚。至于簪钗的主人亦即藩王眷属,却是失语的一群,从《藩献记》记述的贞节故事——王卒,无子,妻妾每以自经的方式相殉——中❷,看不到当事者的只言片语。绝大多数墓志铭,载录墓主人的贞孝节行之外,其他种种,所及甚微❸。元张翥《满江红·钱舜举桃花折枝》句云"繁华梦,浑无迹。丹青笔,还留得。恍一枝长见,故园春色",金簪无言,但至

---

❶ 本文照片为观展所摄。

❷ 明朝嫔妃殉葬,起于太祖崩后,虽然并不是朱元璋的遗诏,却竟然沿袭下来,直到英宗遗命革除殉葬制度,方才废止。

❸ 朱有燉《故宫人夏氏墓志铭》,是详细记述墓主人为人行事的难得之篇。其中说道夏氏云英"方外玄文,琴棋徐事,缫织之工,音律小艺,无所不精",并有《端清阁诗》一卷,著《女诚行义》一部,作《法华经赞》七篇,固因"宫人生而聪慧,异于寻常",但此诸般艺事,也或为王府女性平居生活之一般。

少抵得几幅折枝桃花，而可以它的艺术语汇呈露藩府女性的依稀光影以及生活中浮荡的一抹时代空气。

王府所在，很多时候是引领风尚的。《陶庵梦忆》卷六"菊海"："兖州缙绅家风气袭王府，赏菊之日，其桌、其机、其燈、其炉、其盘、其盒、其盆盎、其毂器、其杯盘大觥、其壶、其帏、其褥、其酒、其面食、其衣服花样，无不菊者。夜烧烛照之，蒸蒸烘染，较日色更浮出数层。席散，撤苇帘以受繁露。"此王府，为鲁王府，张岱的父亲曾为鲁王右长史，时鲁宪王在兖州。任职于王府之外，游于藩邸的士子才人也不在少数。江南地区虽然不设藩府，

图31-1《汉宫春晓图》(折花·抱瓶·携琴) 辽宁省博物馆藏

图31-2《汉宫春晓图》(池亭对弈)

图31-3《汉宫春晓图》(展卷读书)

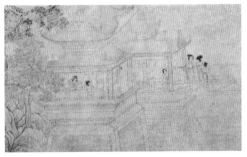

图31-4《汉宫春晓图》(理妆)

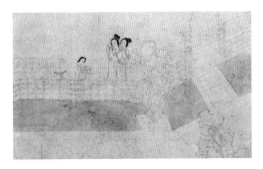

图31-5《汉宫春晓图》(对镜插花)

图31-6《汉宫春晓图》(捧卷轴)

但王门珠履却不乏江南名士❶。声色游艺，风气之传习，固不限于一时一地。王府金银首饰自然也每以夺目之色摇漾在四时花海管领风韵。尽管明代各个藩王享禄并不平衡，甚或常有禄米不给的困窘，未必总可以享受穷奢极欲的生活，然而"穷奢极欲"到底是那一时代——尤其是明中后期——缙绅富室的普遍追求。《陶庵梦忆》卷三《包涵所》记钱塘包应登归老后经营园亭以声色自娱，乃"穷奢极欲，老于西湖者二十年"，"著一毫寒俭不得，索性繁华到底"。此"繁华到底"一语，今用来点评藩王墓中随葬的金银首饰，也正好切题。

扬之水　中国社会科学院文学所研究员

曾任古典文献室主任，长期从事名物研究。享受国务院政府特殊津贴。著有《奢华之色：宋元明金银器研究》（三卷）《中国古代金银首饰》（三卷）《梧柿楼集》（十卷）《定名与相知：博物馆参观记》《物色：金瓶梅读"物"记》等。

❶ 如钱希言《辽邸纪闻》所述（收入上海古籍出版社影印《说郛三种·说郛续》，又陈田《明诗纪事·甲籖》卷二"辽庶人宪㸐条"）。

清宫便服

【摘要】

　　清宫便服，承满服之本，摹汉服之式。在《大清会典》等文献中，并没有规定清宫便服的款式、纹样、用色、用途等，但这不等于没有严格的制度，便服的用色、纹饰同样遵守森严的等级制度。清宫便服的形式繁复多样，纹饰丰富别裁，色彩高雅柔和，是其他款式服装不可比拟的。

【关键词】

　　清代　皇宫　便服

　　清代以满族传统服饰特征为主体的服饰制度，是其政治制度、典章制度的重要部分。整个服饰体系分为礼服、吉服、行服、戎服、常服、便服等种类。服饰的细节必须遵守严格的等级制度，并且适合野外征战生活的实际需要。因此，清代服饰形制、款式都要装饰简练、穿脱方便、便于骑射、严实保暖，这不仅是生活在北方严寒地区的民族生存的需要，更是建立和巩固一个以少数民族为统治者的新政权的必要手段。

　　在《大清会典》等文献中，并没有规定清代便服款式、纹样、用色、用途等，但它的形式繁复多样，纹饰丰富别裁，色彩高雅柔和，是其他款式服装不可比拟的。笔者从清代便服由简约质朴到奢华考究演变的历史背景入手，对清代便服的种类、服用以及工艺特点，包括面料工艺、图案设计、边饰工艺等做以综述。

一、便服变化的背景

　　清初，统治者视服饰制度为国家政治制度的重要部分，关乎政权存亡，因此对服饰制度非常重视，有严格的等级界定。在入关前，太宗文皇帝已经着手厘定服饰制度，严厉整肃有悖于典制的行为。清入关后，中原官民经历了一场服饰习尚的大变革。顺治十年（1653年），世祖章皇帝曾下诏训斥："近见汉官人等，冠服体式，以及袖口宽长，多不遵制……如仍有参差，不合定式者，以违制定罪。"

　　到了清中期，皇帝对于维护服饰制度高度重视。乾隆十七年（1752年）三月二十日，高宗纯皇帝谕令立训守冠服骑射碑。他重申了皇太极崇德元年（1636年）十一月癸丑训谕，说："皇祖太宗圣训所垂，载在《实录》，若非刊刻宣示，则累朝相传之家法，外庭臣仆何由共悉。且自古显谟令典，多泐之金石，晓谕群工。我皇祖太宗之睿圣，特申诰诫，昭示来兹，益当敬勒贞珉，永垂法守。著于紫禁箭亭、御园引见楼及侍卫教场、八旗教场，各立碑刊刻，以昭朕绍述推广至意。"乾隆三十七年（1772年）十月，高宗纯皇帝审阅三通馆进呈所纂《嘉礼考》后，回顾北魏、辽、金、元历代北方游牧民族入主中原后更改服制的过程，再次重申："祀莫尊于天祖，礼莫隆于郊庙。溯其昭格之本，要在乎诚敬感通，不在乎衣冠规制。夫万物本乎天，人本乎祖，推原其义，实天远而祖近，设使轻言改服，即已先忘祖宗，将何以上祀天地。"乾隆帝对于服饰制度的重视，说明服饰制度是与江山社稷的安危联系在一起的，严格维护满洲服饰制度，就是维护满洲贵族政治统治。

清中叶以后，国家积累了大量的社会财富。国库岁入数千万两的富足，为八旗贵族的生活由俭入奢提供了丰厚的物质条件。他们逐渐适应了都市生活的安闲舒适，宫廷生活追求奢华安逸的风气也迅速形成。奢侈之风催动了朝廷政治的日益腐败，统治者不再将继承骑射传统作为巩固政权的基础，骑射尚武不再是以为生的根本，以军事训练为目的的木兰秋狝活动基本废止。

此外，窄袖束身的袍服不适于都市生活的礼节和节奏，关内气候相对温暖，八旗贵族已不需要常年保暖的服饰，因此，清代宫廷服饰借鉴中原民族服饰的特点，宽襜博袖的服饰应运而生。道、咸以后随着朝廷对各方面礼制的禁限放宽，曾经骁勇善战的满洲贵族已不再重视继承本民族传统，转而追求日益宽松、华丽的服饰。宫廷服饰中出现了氅衣、衬衣等纯粹的燕居休闲服装，便服中的其他款式也融入了些许中原民族服饰的因素，如宽襜博袖、固定式立领，以及华美的绦带镶边工艺。

从传世的清代宫廷服饰中看，道光以前，无论是《大清会典》严格规定的冠服、吉服、行服、常服，还是燕居便服，在形式、纹饰、色彩、质地上都基本循其旧制，宽襜博袖的款式非常鲜见。服装腰身、袖子、下摆都比较合身，穿着者无论是飞身上马，还是寒暑穿脱，都非常方便。仅就马蹄袖端的宽度而言，一般是18厘米左右，放下后恰好盖住手背，易于行礼、保温和护手。故宫院藏传世便服文物中没有道光朝以前的宽襜博袖式样服装。

道光以后，宽襜博袖服饰的出现明显地昭示了满族生活的改变——征战骑射不再是这个曾经戎马倥偬的民族生活的主要内容；宫廷生活繁缛的礼节和悠闲的生活节奏，使得宽襜博袖的服饰更受到贵族和后妃的喜爱。于是，在改变中原民族服饰的某些特点后，宽襜博袖的服饰应运而生，这在便服中表现得尤为突出。清中晚期以后的礼服、吉服等有严格典制规定的袍服，其袖端尺寸也逐渐加宽，有的达30厘米，甚至40厘米。慈禧执政时期，宽袖端袍服尤为流行。有的礼服、吉服甚至将已织绣好图案的面料重新加宽袖端，再行缝制，明显露出了无花纹的素色底料。马蹄袖更多地成为装饰，不再遵循祖制强调其民族服饰的特征，也不再强调其保暖护手的功能。礼服、吉服等尚且如此，日常穿用的便服可想而知。

宫廷燕居便服从束身窄袖到宽襟博袖的变化，反映出统治者不再坚持清初实行的"立国之经"。改变宫廷服饰，成为都市生活的需要，也成为融合汉民族文化、风俗，从而巩固政权的需要。因此，装饰华美繁复的便服逐在宫廷内大行其道，不仅宫眷服饰如此，男用便服也以追求华丽繁复的装饰为时尚。

晚清政权因奢靡加速了腐败，政以贿成，因循懈怠导致政府逐渐失去对社会诸多方面的控制，社会处于变动相对激烈的转型时期。随着西方文化的侵入，各种时尚流行，"咸同而后渐染苏沪风气，城镇尤甚，男女服饰厌故喜新""同光间，男子衣尚宽博……上海繁华甲于全国，一衣一服，莫不矜奇斗巧，别出心裁。其间由朴素而趋于奢侈，固足证世风之日下。"在这种风气的影响下，礼服、吉服尚有典章制度不可逾越，宫廷中的后妃便服却首先时尚起来。我们从故宫院藏服饰

文物中可以看到，道光以后的便服实物数量及款式增多，装饰越来越华丽。从宫中朱批奏折中可以看到，清中期以后，便服的制作数量已经很多。同治十二年（1873年）十月，"传派苏州织造毓秀造办缂丝龙袍褂三套，氅衣三十六件，衬衣五十九件，解到银八万五千两，其中工料银七万五千八百一十八两"。这在一方面说明到同治时期，由内务府造办的便服，成为宫中需用量较大的日常服饰；另一方面，清晚期便服不再是我们所见到院藏的道光以前那种制作比较简单的、窄袖束身、素色或暗花的满族传统便袍等，而是有了多种款式，而且清晚期宫廷的便服，已然背离了清初服饰制度的传统，逐渐成为宫廷重要的服饰之一。

二、便服的种类及其服用

在清代浩如烟海的档案中，皇帝有《穿戴档》可以考证每日穿戴的服饰及其场合，后妃们的穿戴没有文字资料可以考证。事实上，清代宫廷便服穿用的场合很多。因其在内廷穿用，款式可以不受繁缛典制的约束，不仅种类多，穿着舒适，还可以随意搭配。便服华丽的装饰、缤纷的色彩、寓意丰富的吉祥图案及其繁复的工艺，迎合了后宫的审美追求，因而受到后妃欢迎。故宫院藏传世便服的数量、质地、花色、制作，足以说明这一点。

图1 蓝色二则团龙纹暗花实地纱便袍

图2 月白色彩花卉蝶织锦夹袍

图3 黄色蝶穿牡丹地景纹夹便袍

图4 蓝色折枝菊花纹妆花缎夹便袍

（一）便袍

便袍是满族传统的日常服饰。皇帝便袍的款式为圆领，大襟右衽，无接袖，平袖端，左右开裾，直身式袍服。清宫《穿戴档》称其为"衫"。皇帝便袍因为只在寝宫穿用，以舒适宜人为前提，无须拘泥于典制，因此，没有满族服饰特有的马蹄袖端，其他形式袭其旧制。面料一般为素色或暗花的绸、缎、纱等，没有五彩织造的绸、缎、纱、缂丝面料刺绣纹饰及装饰衣边。蓝色二则团龙纹暗花实地纱便袍（图1），是较典型的皇帝便袍，面料织造精细，提花清晰，质地柔软滑爽，是皇帝在后宫中较为舒适的服饰。我们可以从咸丰四年（1854年）七月十六日的《穿戴档》中见到相关记载："……办事后，至中正殿等处拈香毕，还养心殿。换酱色轻纱衫……"又，七月十九日"……办事后，至寿康宫康慈皇贵太妃母前请安毕，还养心殿，换蓝实地纱衫……"可见便袍（衫）是皇帝日常不可或缺的服饰。后妃的便袍，多注重面料及其纹饰的华丽，边饰较少，款式则沿袭满族传统直身式袍服，圆领，大襟右衽，窄袖口，平袖端，无接袖，不开裾（图2～图4）。晚清，有些人将直身式的便袍与氅衣、衬衣混淆，通称为"便袍"。其实，便袍与氅衣、衬衣的宽襟博袖不同，保留了满族传统服饰的窄袖口，袖长及腕，男款左右小开裾，女款不开裾的特点。

通常便袍是贴身穿的服饰，外面可以穿坎肩、马褂。后妃还可以在便袍外面穿褂襕、氅衣等。由于便袍是燕居休闲服饰，所以，除在用色、用料、龙纹上仍须遵循《大清会典》的有关规定，严禁僭越外，在穿用时各款的搭配、图案均可随所欲。

（二）氅衣

故宫藏清代宫廷氅衣的实物最早见于道光朝，清宫氅衣改变了中原氅衣的对襟款式，将其改造为具有满族服饰特点的样式，形制为直身式，身长至足面，穿着时露出旗鞋的高底。圆领，捻襟右衽，左右开裾至腋下，并在腋下饰如意云头。双挽阔平袖端，日常穿用时呈折叠状，袖长及肘，也可以拆下钉线，做舒袖穿用（图5、图6）。袖口内加饰绣工精美、可替换的"挽袖"，方便拆换。四季穿用丝绵、夹、纱随所欲。笔者考察故宫院藏文物，道光朝以前，没有氅衣这类宽袖及肘、平袖端的便服，其他宽襟博袖的服饰非常鲜见。

清晚期，氅衣的服用日渐增多，面料图案也逐渐由传统的龙、凤、暗花团龙、暗花团寿等，变得更具个性化，更加华美绚丽。如意馆的画匠们把后妃们喜欢或需要的纹饰设计在衣服小样上（图7），刺绣或者织造为绚丽华美的面料，在适合的场合穿着，迎合主位❶喜好。清徐珂在《清稗类钞》中记载，光绪朝时，慈禧太后庆六十大寿，喜欢团鹤鹿同春的图案，因"鹿鹤皆享遐龄，松亦四季常青，于以颂扬万寿耳"，一时间"朝士从风而靡，团龙遂不入时矣"。可见晚清便服图案及其装饰虽受典章礼制的束缚渐少，但其弃传统而重时尚的风气，也并不都是民间时尚影响所致。

氅衣的面料以刺绣和缂丝为主，刺绣面料是最为华彩的，分为彩绣、珠绣和平金银绣等。在素色缎、绸、纱上施以针黹，不仅能传出图案的吉祥

---

❶ 编者注：清宫主位，包括皇帝、皇后、皇贵妃、贵妃、妃、嫔、贵人、常在和答应。

图5 洋红色缎打籽绣牡丹蝶纹夹氅衣

图6 品月色纳纱花卉纹单氅衣

图7 线描半彩云凤纹纸衣样

图8 黄色织金绸葫芦双喜纹女绵袍

图9 蓝色缂金团寿字纹夹氅衣

图10 杏黄色绸绣藤萝蝶纹镶领袖边女夹氅衣

寓意，也通过运针的技法展现丝线的质感和光泽，图案灵活多变，晕色自然，具有立体感，更能迎合晚清宫廷追求奢华、体现个性的风尚。

织造面料的氅衣中，暗花绸、纱的面料较为传统，在氅衣出现之始的道光朝比较多见，织金缎和妆花面料的氅衣非常鲜见。不仅因为织造工艺繁复，造价昂贵，也因为传统的纹饰不能适应晚清宫廷便服追求展现个性的时尚。如黄色织金绸葫芦双喜纹女绵袍（图8），面料所用双喜葫芦万代织金缎是传统图案，寓意"福禄喜万代"。但是，这种面料图案规矩呆板、个性不鲜明的风格在晚清并不时尚。需要说明的是，这里所说"袍"并不准确，皆因当时管理服饰的太监文化水平有限，将部分大襟服饰记作"袍"，这种现象并不鲜见。

缂丝面料的织造较为繁复，晚清的缂丝、缂金技艺还受国力影响，用丝和捻金较粗，并不受后妃们喜爱，如蓝色缂金团寿字纹氅衣（图9），图案规矩呆板，并不迎合晚清宫廷便服注重表现个性的时尚，用色老成，显然是老年或寡居后妃的服饰。

服饰镶边虽是细节，但在清中期以后的后妃便服的变化中显得尤为突出。嘉道以后，开始流行用民间称为"鬼子栏杆"的洋花边装饰服装。《清稗类钞》服饰类载："咸同间，京师妇女衣服之滚绦，道数甚多，号曰'十八镶'。"渐入宫中后，这种花色绚丽的绦边用于氅衣的镶边，从一两道直至六七道不等，宽窄不一，质地不一，工艺不一，绚丽华美，很快被后妃们所接受。从现藏实物可见，清晚期，夏季纱、绸、缂丝氅衣的边饰之繁缛，甚至重于服饰面料本身，一方面是因为继承了入关前满洲贵族以镶饰皮边为美的传统，另一方面是融入了汉族民间妇女服饰以多重镶边为美的理念。

氅衣的平袖端是满族传统服饰所没有的。满族传统的服饰均为窄袖，马蹄袖端。氅衣则为阔袖，平袖端，这是为了适应宫廷生活的节奏和关内相对温暖的气候，也是有悖传统的重大改变。平袖端内装饰多层刺绣精美的挽袖，一时成为后宫的时尚。杏黄色绸绣藤萝蝶纹镶领袖边女夹氅衣（图10）将这种时尚发挥到极致，袖端的边饰、挽袖多达六层，甚至比轻薄的绸质面料更为厚重，这种装饰风格在晚清便服中并不少见。

氅衣是四季均宜的服饰，夏季以单的缂丝、绸、纱居多，春、秋和冬季用皮、绵、夹随所欲。里子一般选用素纺丝绸，用色常见有品月色、湖色、月白色、粉色、红色等。明黄色素纺丝绸里子为皇后、皇太后专用，等级低的嫔妃

不可僭越。

（三）衬衣

衬衣是晚清宫廷后妃服饰中最具代表性的服饰之一，也是一款装饰华贵鲜丽、制作工艺繁复、日常穿用频繁的便服。清代衬衣的形制为圆领，大襟右衽，直身式袍服，沿袭了满族传统服饰的基本要素。衬衣的两侧没有开裾，行走时不会露出腿部，因此衬衣是可以单独穿用的便服。衬衣的外面还可以套穿马褂、坎肩等短款服饰，或开裾较大的褂襕、氅衣等便服。与氅衣一样，衬衣袖口为双挽平阔袖，日常穿用既可以做挽袖穿用，也可以放下挽袖做舒袖穿用。

一般来说，衬衣穿着的场合比较频繁。清宫每当三月、九月服装换季，无论天气冷暖，都要奉旨守制换装。薄质的缂丝、纱、绸等面料难以抵挡春秋早晚寒凉，因此就出现了面料软薄而里子绵厚的衬衣。这些衬衣有内絮薄丝绵的，也有挂各种皮里的（图11）。这样，既无抗旨违

图11 月白色缂金凤牡丹纹上羊皮下灰鼠皮衬衣（正面）（掩襟）

制之嫌，又有保暖舒适之实。这是清代后妃便服中比较特殊的现象。

清宫衬衣的历史与氅衣一样，实物最早可见于道光朝。之前，游牧民族的生活习惯和严格的服饰制度，使之对燕居服饰鲜有注重，因此，衬衣出现的初期，并没有专门织造、绣制的衬衣衣料，不是像礼服、吉服或便袍等服饰一样，先由如意馆绘制服饰小样，再行织造。衬衣是由便袍料改造而成的，以紫色缎绣折枝花卉纹衬衣（图12）为例，我们可以从刺绣图案的形式上看出一些不同，这件衬衣为紫红色素缎面料，绣四季吉祥花卉22种，间绣翠鸟、仙鹤、百灵、蜻蜓、蝴蝶等传统吉祥飞禽草虫，形态生动多姿。工艺上，所用针法有缠针、套针、戗针等十余种传统技法，针脚平细且富于变化。底料接缝处绣工平齐，毫无接缝痕迹。这件衬衣所附黄条两枚，其一墨书："览紫缎绣花夹衬衣一件。道光八年十月十九日收敬事房呈。"其二墨书："紫缎绣花卉夹衬衣一件。"确

切交代了这件衬衣的成衣年代。但是，仔细观察这件绣制精美的衬衣，所用衣料原来是窄袖口的便袍衣料，从衣袖的刺绣图案可见，原有袖口花纹仅绣制20厘米宽，而衬衣的袖口为29厘米，展宽部分是没有绣制花纹的，出现了一条由窄渐宽的"留白"。这种现象在故宫院藏道光朝的衬衣、氅衣面料中并不鲜见，说明道光朝时将便袍料改为衬衣或氅衣料不足为奇。随着晚清生活追求舒适、奢华，衬衣逐渐成为后妃日常服饰的主流，于是有了专门织造、绣制的衬衣料，袖口的"留白"才消失。

我们从宫中朱批奏折中可以看到，光绪二十年（1894年）二月八日："……着三处织造织办龙袍褂面、氅衣、衬衣、马褂、紧身等件，个随本色本花样边，赶紧照单织办，限于本年十二月内解京。钦此……奴才优查前项奉传龙袍褂面、氅衣、衬衣、马褂、紧身共计八十七件，系属要需……""照单织办"说明同光时期已经有了衬衣的服饰小样，而且，不再是用便袍

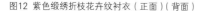

图12 紫色缎绣折枝花卉纹衬衣（正面）（背面）

衣料改制成衬衣，服装装饰也从传统比较简单的镶边装饰，逐渐演变成装饰"本色本花样边"的华丽服饰。"系属要需"，说明穿用场合比较多。宫廷便服从窄袖束身到宽襟博袖的变化，反映出统治者不再将整肃服饰制度作为巩固政权的手段，也反映出，曾经骁勇善战的马上民族逐渐放弃了曾经赖以维生的马背生活方式。

晚清对衬衣这类便服的使用，虽然在制度上的整肃稍有宽松，但在一些要素上，仍严守清代的服饰制度。比如用色，明黄色仍是皇太后、皇帝、皇后的御用颜色。龙纹的使用仍有非常严格的规范，女用便服上出现龙纹或龙纹绦边是非常鲜见的，这类服饰通常是皇太后、皇后的御用服饰（图13）。

衬衣与氅衣在制作面料的选用，织绣工艺，领口、袖端、大襟、衣边等的装饰手法上都相类似，均以华丽繁复为美。故宫院藏清宫衬衣，以各种面料的刺绣衬衣最为华美，工艺有彩绣、珠绣和平金银绣等。针黹灵活多变，配色自如，针法细腻，图案表现更具个性，更加华美绚丽。统针法的巧妙使用，不仅传达出图案的寓意，也展现丝线的质感和光泽，使图案灵活多变，晕色自然，更具有立体感。这些衬衣手感滑爽，穿着舒适，更能迎合晚清宫廷追求奢华、体现个性的风尚（图14）。

（四）马褂

马褂是满族传统服饰中的行服之一。据清赵翼《陔余丛考》记载，马褂是满族骑马时所服用。"凡扈从及出使者皆服短褂、缺襟袍及战裙，短褂亦曰'马褂'，马上所服也，疑即古半臂之制……既曰'半臂'，则其袖必及臂之半，正如今之马褂。"清徐珂《清稗类钞》载："马

图13 明黄色绸绣三蓝百蝶纹衬衣

图14 品月色缎平金银绣菊花团寿字纹绵衬衣

图15 蓝色缎绣彩团福寿夹马褂

图16 蓝色绸绣百蝶镶领袖边夹马褂

图17 紫色绸绣百蝶镶领袖边大襟女绵马褂

图18 绛紫色缎绣淡彩大洋花蝶周身镶织金缎绵马褂

褂较外褂为短,仅及脐。国初,惟营兵衣之。至康熙末,富家子为此服者,众为奇……雍正时,服者渐众。后则无人不服,游行街市,应接宾客,不烦更衣矣。"可见,马褂由行服演变成便服是雍正朝以后的事。这时,逐步稳固政权的满洲贵族已经逐渐适应了宫廷生活的礼节和节奏、都市生活安闲与舒适,以及关内相对温暖的气候。社会财富逐渐积累,为宫廷生活由俭而奢准备了丰厚的物质条件,社会生活的日趋安定使得马褂作为行服的利用率逐渐降低,而马褂的保暖及穿脱便利的功能却被很好地保留和利用起来。

清中期以后,马褂成为清代满族男女咸宜的燕居便服,男女款形制略有区别。男款形制是圆领(晚清有圆立领),对襟,身长及胯,有开裾,袖长分为长短两种,长者及腕,短者及肘,平袖端。女款形制是圆领(晚清有圆立领),身长及胯,有开裾,平袖端,袖长及腕者边饰相对简洁(图15),袖长及肘者边饰繁复(图16),并可见袖口内镶饰挽袖的款式,挽袖展开可做舒袖穿用,但较为鲜见。其襟富于变化,可见大襟(图17)、琵琶襟(图18)、对襟(图19)等诸款。多数女款马褂镶边装饰华丽繁复,面料及制作工艺更为精致考究,成为便服中独具特色的一款服饰。

因为保暖及穿脱便利,马褂通常被穿在便袍外面。多为夹或绵的,单马褂较为鲜见,除两面穿的皮马褂外,其里子多为素纺丝绸,色用粉、绿、湖、蓝、雪青等,明黄色里子为皇太后、皇帝、皇后专用,不可僭越。

清中期以前,满族宫廷便服一般为圆领,以后,才逐渐另制立领缀于领口。清晚期,立领的尺寸渐高,有的竟高达7厘米,领缘镶饰出锋,既代表了时尚，又继承了传统，成为领子款式独特的后妃便服。

在马褂衣襟款式上，对襟是最常见的。琵琶襟则仿照缺襟袍服衣襟，比对襟马褂有更好的保暖作用，《清稗类钞》所记："马褂之右襟短缺而略如缺襟袍者，曰'琵琶襟'马褂，或亦谓之曰'缺襟'。"大襟马褂则较鲜见，《清稗类钞》载："马褂之非对襟而右衽者，便服也。两袖亦平，惟襟在右。俗以右手为大手，因名右襟为'大襟'。其四周有以异色为缘者。"从款式上看，大襟马褂在传世清宫便服中比较少见，可以推见其穿用的人和场合并不多。按照满族传统习俗，年长或寡居的后妃服饰款式规矩传统，颜色较深。虽然不能因此断定大襟马褂就是年长或寡居后妃的专用服饰，但这类圆领、大襟款式马褂，用色沉稳凝重，花色简洁疏朗，做工规矩传统，是符合年长或寡居后妃淡定清闲的生活节奏及其服饰特征的。

1.皮马褂

两面穿用的马褂一面为各式质地轻柔的名贵皮草（图20），一面为暗花绸或缎，因为两面均可穿用，故所用丝绸面料更为讲究，多用素缎、暗花缎、暗花绸等。这类马褂多为出行时穿用，仍有行服褂的功能。马褂在皮里面穿着时，领口、袖端及下摆会露出毛锋，称为"出锋"（图21），是满族服饰的装饰手段之一，也是区分贵族与平民的标志之一。

清嘉庆明黄色暗葫芦花春绸草上霜皮马褂（图22），一面为明黄色暗葫芦花四合如意祥云春绸，另一面为名贵的草上霜皮。清徐珂《清稗类钞》记："草上霜为羊皮之一种，质类乳羔，以其毛附皮处纯系灰黑色，而其毫末独白色，圆卷如

图19 石青色缎绣瓜蝶镶领袖边女夹马褂

图20 杏黄色缎玄狐皮马褂

图21 石青色缎貂皮马褂

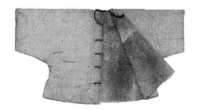

图22 明黄色暗葫芦花春绸草上霜皮马褂

珠，故名。以为裘，极贵重……"草上霜皮质柔软轻薄，穿着轻便舒适。衣边、袖端露出里面皮卷曲的毛锋，宛若满洲贵族服饰的"出锋"。绸面向外穿用时华丽庄重；绸面向里穿用时，因绸面的光滑，套在袍服外面穿脱方便。

清嘉庆明黄色暗团龙里双喜字皮马褂（图23），皮毛面料为貂皮，通身用熏貂皮镂空雕双喜字46个，用青白胺皮嵌成。拼皮工艺精巧细腻，毛顺滑，皮板平整，字体工整清晰，俨然天然生成一般，极具仿真的装饰效果。衣襟、袖端在貂皮与明黄色里子中间另镶貂皮出锋，貂皮板仅1.5毫米宽，且细薄如绸，而出锋毛长约1厘米，工艺精妙绝伦。此件为嘉庆皇帝做皇子时结婚期间的便服。

还有一类装饰皮边的马褂。这类马褂面料与里子均为各式丝绸，装饰非常繁复的皮质边饰。马褂面料讲究、华丽，边饰精美，是宫廷中日常穿用的便服。晚清，这种马褂因其华美而受到后妃的喜爱。

光绪果绿色暗花缎琵琶襟皮马褂（图24），圆立领口镶饰出锋，领、袖边自外向内镶饰青白胺嵌寿字貂皮边、元青色梅花长寿织金缎边、捻金线樗蒲纹蕾丝花边。装饰风格华丽繁复，既具晚清宫廷服饰以装饰繁复为美的特色，蕾丝花边又有外来装饰风格的特征。值得一提的是，青白胺镶寿字貂皮边，是在貂皮边上镂空雕出长寿字、团寿字的纹样，再嵌入青白胺皮。青白胺是动物腋下薄而柔软的皮，面积小且不易得，用来嵌字，经精致缝纫如皮毛长就的图案一样，工艺之精湛，令人称奇。马褂采用果绿色牡丹纹暗花缎面料，织造精致规矩，提花清晰，春寒料峭时穿用，既不呆板沉闷，又烘托出镶边的华丽。马褂后背里面镶有羊皮，为保暖用，衬雪青色素纺绸里。此件是晚清宫廷便服的代表作之一，如此款面料质地、工艺完全相同而面料颜色不同的马褂，并不鲜见。

绛紫色绸彩绣折枝桃花团寿字周身镶貂皮夹马褂同样是清代后妃穿用的便服（图25）。按照清宫服饰礼俗，面料所绣花卉必须与节令相符，这件马褂应是春天

图23 明黄色暗团龙里双喜字皮马褂

图24 果绿色暗花缎琵琶襟皮马褂

图25 绛紫色绸彩绣折枝桃花团寿字周身镶貂皮夹马褂

图26 品月色缎绣绣球梅纹夹马褂

的早晚后妃们穿在袍服外面的服饰。马褂的绛色素缎面上彩绣折枝桃花，间饰团寿字。图案疏朗大方，设色和谐雅致，简洁明快。极具特色的是，所有折枝桃花用金线勾边，使花卉熠熠生辉，图案颇具立体感，显现出皇家服饰的华美高贵。立领缘镶貂皮出锋，领、袖、衣边镶饰貂皮，胸前镶饰貂皮缝制的团寿字如意云纹，皮衣边内辅以元青寿字织金缎边。因其款式有别于袖长及肘的马褂，故边饰并不繁复。对襟装饰如意头皮，一方面继承了满族贵族服饰以镶边为美的传统，另一方面显现出宫廷服饰端庄典雅的风范。

2.彩绣面料马褂

彩绣马褂是清宫马褂中最为华丽的品种之一，以女款居多。工艺可分为缎绣、绸绣、纱绣、平金绣、珠绣等品种。

绣工的精妙是彩绣马褂的华彩之处，最常见的是以绸、缎、纱为面料，五彩丝线绣制。

清光绪品月色缎绣绣球梅纹夹马褂（图26）是女款对襟马褂，平阔袖口内饰湖色缎彩绣绣球花挽袖，亦可拆开挽袖，作舒袖穿用。马褂采用品月色素缎为面，绣制大朵折枝绣球花，纹样写实逼真，浅驼色的枝叶既烘托了花朵的华美，又没有喧宾夺主的突兀，晕色的自然和谐，使整个图案设色显得柔和恬淡。刺绣针法传统、简洁，有平针、套针、缠针、戗针等数种，运针技法灵活巧妙，针脚平齐细腻，凸显出花朵的灵秀和立体感。马褂选用宝蓝色如意绦、元青缎绣折枝绣球花边和元青万字曲水织金缎等三种颜色较深的绦边、绣边装饰。在左、右、后开裾处盘饰如意云纹，领口用各色绦边、绣边盘饰假翻领，并缀白玉镂空雕团寿字扣，用繁缛的边饰呼应了面料华美的绣工，烘托了图案设计主题，这是晚清后妃便服装饰手法之一，这种装饰手法还常见于坎肩和马褂。

马褂得以迎合后妃喜欢的原因之一，是图案可以体现时尚，张扬个性，同时用针黹表现中国传统绘画技法，使面料图案达到"画绣"的效果。

图27 宝蓝色缎平金绣云鹤镶织金边夹马褂

图28 宝蓝色缎平金绣云鹤镶领袖边夹袍

图29 草绿色江绸绣水墨牡丹品月团寿字夹马褂

图30 蓝色缎穿珠绣栀子天竹镶领袖边琵琶襟
女夹马褂

光绪宝蓝色缎平金绣云鹤镶织金边夹马褂（图27）与同样纹饰的便袍是一套服饰（图28），穿着时马褂套穿在外，是故宫院藏为数不多的可配套穿用的便服。马褂用宝蓝色素缎面，绣丹顶鹤，间饰平金绣如意云纹。构图不对称，纹样饱满而不局促，仙鹤的飞翔姿态各异，动感自然，在宝蓝色地和金色祥云纹的衬托下，仿佛与蓝天共舞。仙鹤绣工精致，平金绣鹤喙、腿，头顶的红色冠羽用套针和施毛针，身体的羽毛采用刻鳞针，并适当延长羽毛边缘浅灰色扎针的线条，形似施毛针。这种施毛鳞技法，使羽毛更具立体效果。羽毛中部用浅灰色丝线晕色，真实地将仙鹤羽毛表现出来，仿佛是用羽毛黏制而成。仙鹤的尾羽并没有写实地采用黑色，而是用偏绿的宝蓝色绣制，用金线勾边。夸张的颜色变换，使仙鹤的色彩显得灵动多样。清中期以前，这种全身绣制较大纹饰的便服非常鲜见，清晚期，注重张扬个性的图案和细节的繁缛装饰成为时尚，宫廷也出现了大量图案寓意丰富、花纹单位较大的便服。图27所示马褂所缀的立领高达七厘米，代表了当时的时尚，也使之成为领子款式独特的后妃便服。

草绿色江绸绣水墨牡丹品月团寿字夹马褂（图29）用针黹表现了中国传统绘画技法，使面料图案达到"画绣"效果，是一件绣工、构图、配色俱佳的作品。马褂运用平针、套针、打籽针等简洁的传统技法，绣折枝牡丹与团寿字纹饰。花叶使用由深灰、浅灰到白色的同色系表现，晕色采取一至三色间晕与退晕相结合的装饰方法，纹饰晕色自然和谐。晚清宫廷服饰上彩绣的设色一般艳丽明快，此件则采用了中国淡彩水墨画的装饰手法与工笔画写实相结合的表现技法，使图案纹样具有典雅恬静、清丽脱俗的装饰效果，令人耳目一新。

取材独特是清宫后妃马褂的特色之一，采用珍珠和珊瑚为绣材，使其独特的光泽表现出比彩色丝绣更完美的立体感。

清光绪蓝色缎穿珠绣栀子天竹镶领袖边琵琶襟女夹马褂（图30），是后妃便服中较鲜见的穿珠绣作品。马褂前后身所绣折枝栀子、天竹，花朵均用珊瑚、珍珠米珠串绣而成。珍珠和珊瑚珠的光泽，表现出很好的立体感。花叶则用传统针法绣成，烘托出珠绣花卉的丽质，整体构图疏朗简洁，配色明快。这款袖长及腕的马褂，边饰并没有附和晚清追求繁复衣边装饰的风尚，只是采用传统的元青色织金缎边，从而更好地突出了面料清雅秀丽的主题。

平金绣有别于彩绣，仅用金、银线来表现皇家服饰的端庄富贵、华美绚丽，是后妃们最为喜欢的服饰面料之一。

藕荷色缎平金银绣百蝶周身镶绦边夹马褂（图31）是年轻后妃穿着的便服，在藕荷色素缎地上平金银绣百蝶，取"耄耋"之谐音，寓祝福长寿之意。面料构图左右对称，飞舞的百蝶姿态各异。捻金绣线细致柔软，绣工精致细密，将金属的反光效果表现到极致，虽然通身只用捻金线而不用彩丝，却也将蝴蝶的立体感表现出来。为了衬托华丽的面料，边饰采用元青色素缎，绣制同样的百蝶纹，并镶饰一道较窄的蝴蝶绦边，与主题相呼应，最外边仍采用传统的万字曲水织金缎边，将传统与时尚完美地结合在一起。

3.织造面料马褂

织造面料马褂男女款均有。马褂用织造好的匹料量身裁剪缝制而成，或是先量身，按所需尺寸、纹样、形式织造成衣料，再行缝制。织造面料的品种有缂丝（包括缂金银）、缎（包括织金缎、鸳鸯缎、罗纹缎、素缎、洋花缎）、绸（包括暗花绸、江绸、宁绸、素绸）、纱（包括芝麻纱、直径纱、实地纱、春纱、泰西纱）、罗、漳绒、漳缎、羽毛纱、羽毛缎、呢、氆氇等，是取材最广泛的服装款式。

绛色缂金银水仙花镶领袖边女夹马褂（图32）是清光绪时期后妃穿用的便

图31 藕荷色缎平金银绣百蝶周身镶绦边夹马褂

图32 绛色缂金银水仙花镶领袖边女夹马褂

服，面料为缂金银。缂织水仙花叶时巧妙变换金银线梭，将水仙叶正反面表现得立体写实、沉稳端庄。边饰图案与面料相呼应，在元青色地上缂织水仙花，盘饰假翻领、如意云头，工艺繁复精致，代表着晚清华美的装饰时尚。缂丝（包括缂金银）面料的便服，是清代织造面料的服饰中工艺较为繁复的。清中期以前面料的图案是事先设计好的，并按照穿着者身材尺寸量身织成❶衣料，再行缝制，晚清这类便服有些采用匹料制作，织造的工艺、用色都比不上前朝织绣的面料。常见的缂金银面料，其捻金线的金成色比前朝所用的差，光泽晦暗，图案设计较显呆板，缂织技法简单、粗糙，虽然自古有"一寸缂丝一寸金"之说，但晚清的缂丝（包括缂金银）面料已然大不如刺绣面料受欢迎，一方面，缂丝（包括缂金银）面料本身的光泽就不如绸缎华丽，另一方面，针黹刺绣灵活多变、晕色自然、立体感强，更能迎合晚清宫廷追求奢华、体现个性的风尚。

品月色织金缎百蝠百寿纹镶边女夹马褂是一款以织金缎为面料的女马褂（图33）。面料图案为百福百寿，构图工整规矩，从用色的沉稳和装饰的简洁看，此件是年长后妃的服饰。织金缎织造细密、工艺精致。马褂边饰的图案与面料相同但用色不同，在故宫院藏的清宫马褂中，这类织金缎面料的马褂并不多见，一方面，说明穿着者较少，适用的场合不多；另一方面，说明这类略显规矩呆板的图案并不受后妃欢迎。既然便服受到服饰制度约束较少，可以选择自己喜欢的款式、面料和图案，后妃们就更多选择彩绣的面料，以迎合主位的喜好，更能体现突出审美情趣、张扬个性的时代特征。有记载说，光绪朝时因慈禧太后喜欢团鹤鹿同春的图案取其贺寿的吉祥之意，一时间"朝士从风而靡，团龙遂不入时矣"。可见晚清服装图案及其装饰弃传统而重时尚的风气，也并不都是民间时尚影响所致。

蓝色漳绒团八宝镶蓝漳绒冰裂纹菊梅边夹马褂（图34）的面料——漳绒，是传统的丝织品之一，原产于福建漳州，故名。常见漳绒面料均为素色，织造好的漳绒表面为绒圈，按图案所需，将花纹部分绒圈割断呈绒毛状显花，图案割绒后，因为丝质的反光效果不同，花纹颜色会比未割绒的绒圈地子的色深，所以显花颇具立体感。面料的主题花纹和边饰，在量好穿着者身材的尺寸后设计、织造，织成衣料后，只需按衣边轮廓裁剪缝制，不须另外装饰其他材质的花色衣边。漳绒面料较为挺实，适用做马褂、坎肩这类穿在外面的

---

❶ 编者注："织成"，是织造工艺技术难度最大的织物。一匹袍料织成后，只要按式缝缀，即可成为完整的袍服。织造中要求金、彩衔接，花纹合一，裁下缝接无一多余，真正做到"天衣无缝"。

短款服饰。这件马褂面料主题花纹为团八宝，团花正中为盘长，四周围绕伞、盖、鱼、法轮、莲花、宝瓶、法螺，合为佛教八宝，寓"八宝生辉"吉祥之意。边饰为冰裂纹上饰菊花、梅花，与面料图案同时设计织造，花纹清晰，富浮雕感，割绒细密平齐，绒圈地匀细，制作工艺简洁。马褂的领子是在穿用中为保暖后装的，领内侧镶灰鼠皮，并按传统形式饰有出锋。

另一种常见的马褂面料是漳缎，面料织造方法是花纹织成绒圈，地子织成缎地，割绒后，地子光亮滑爽，花纹绒毛细密，宛若浮雕。漳缎的特点是地子光泽亮丽，织造时，花纹可用不同于地子的色丝，割绒后，花纹显现异色，浮雕感很强。如鲜蓝色漳缎石青色牡丹菊花夹马褂（图35），采用蓝色地，石青色花纹，典雅素净，早春日常穿用，随意舒适。

4.黄马褂

黄马褂是马褂中用途较为特殊的一类服饰。按清制，明黄色是皇太后、皇帝、皇后专用颜色，他人不得僭越。但是《听雨丛谈》有载："巡行扈从大臣，如御前大臣、内大臣、内廷王大臣、侍卫什长，皆准穿黄马褂，用明黄色。正黄旗官员、兵丁之马褂，用金黄色。勋臣军功有赏给黄马褂，赏穿黄马褂之分，赏给只所赐一件，赏穿则可按时自做服用，亦明黄色。"《啸亭续录》有载："凡领侍卫内大臣、御前大臣、侍卫、乾清门侍卫、外班侍卫、班领、护军统领、前引十大臣，皆服黄马

图33 品月色织金缎百蝠百寿纹镶边女夹马褂

图34 蓝色漳绒团八宝镶蓝漳绒冰裂纹菊梅边夹马褂

图35 鲜蓝色漳缎石青色牡丹菊花夹马褂

褂，凡巡幸，扈从銮舆以为观瞻。其他文武诸臣，或以大射中候，或以宣劳中外，上特赐之，以示宠异云。"可见黄马褂也是皇帝近臣、侍卫以及有军功者的专用服饰，有特殊的意义。黄马褂的面料有缎、绸、纱、羽毛纱等，均为素色或暗花，没有彩织或彩绣面料。

黄色羽毛纱夹马褂（图36）是清代中

图36 黄色羽毛纱夹马褂

图37 品月色梅花万代团寿字纹织金缎女夹坎肩

图38 月白色暗八仙团牡丹万字纹织金缎夹坎肩

图39 灰色缎绣朵兰纹人字襟夹坎肩

期以前较典型的黄马褂，面料为羽毛纱。羽毛纱是外国进贡的生羊毛织物，织物组织为平纹，织造致密平细，具有防水功能，宛若鸟羽的防水功能，清代称其为"羽毛纱"。清王士祯《皇华纪闻》载："西洋有羽缎、羽纱，以鸟羽织成，每一匹价至六七十金，着雨不湿，荷兰上贡止一二匹。"可见在清代，羽毛纱是较贵重的进口织物，用于做黄马褂面料，既坚牢耐磨，又具有保暖防雨功能，是御用之物。

马褂是由清代军旅服饰演变而成的帝后燕居服装。马褂的装饰方法与风格，体现出清代早、中、晚期，由简约朴素到奢华考究，由实用性强到追求装饰效果，最后发展为形式多样且突出审美情趣、张扬不同个性的时代特征。缤纷琳琅的帝后马褂，以其精致的用料、夸张的绦边镶滚、精美的织绣工艺，谱写了清代宫廷服饰中华彩的乐章。

（五）坎肩

坎肩是皇帝和后妃皆可穿用的便服，古称"裲裆"，又称为"紧身""背心""马甲"。坎肩一般为圆领（晚清也有立领），无袖，左右开裾，身长及胯。坎肩的襟分为对襟、琵琶襟、大襟、一字襟和人字襟。对襟、琵琶襟形式与马褂相仿，但无袖。

大襟的坎肩，有人称为"军机坎"。《听雨丛谈》："军机坎，制如马褂而右襟，袖与肘齐，便于作字也。道光初年，创自军机处。因军入值，最早最晏，衬于长褂之内，寒易著，暖易解，故又曰'褂衬'，又曰'半袖'。以杂色缎帛皆可为之，不必定如马褂之用青色也。数十年来，士农工商皆效其制，以为燕服，镶缘愈华，益失其义。"故宫院藏襟坎肩并没有"袖与肘齐"的款式（图37），均为无袖，右衽，其他样式如对襟坎肩，清宫档案的名称记载也没有"军机坎"一说，由此可见帝后、嫔妃穿用的大襟坎肩与"士农工商皆效其制，以为燕服"的"军机坎"并不相同，不可称为"军机坎"。

一字襟坎肩又称为"巴图鲁坎肩"，巴图鲁为满语音译，意为勇士、英雄。巴图鲁坎肩形式比较特别，为圆领（晚清也有立领），无袖，领口缀一扣，领口下缘左右均为裁开式，并分别缀三扣或七扣成一排，襟呈"一"字状，故曰"一字襟"。衣襟左右腋下分别缀三扣，共十三枚扣，民间有人称为"十三太保"（图38）。若把所有扣解开，呈前后不相连的两片。《清稗类钞》载："京师盛行巴图鲁坎肩，南方称为'一字襟马甲'，例须用皮者，衬于袍套之中。觉暖，即自探手，解上排纽扣，而令仆代解两旁纽扣，曳之而出，藉免更换之劳。"

人字襟坎肩与一字襟坎肩相仿，形制为圆领（或立领），无袖，左右开裾，束腰，领口缀一扣，领口下缘左右为略向下裁开式，使襟上端"人"字状，并分别缀三扣，故曰"人字襟"，一般为女用（图39、图40）。

坎肩在宫中得以流行，不仅是因为民间时尚的影响，还因其非常方便穿在袍服里面或外面，穿在里面有保暖功能，穿在外面又增加了装饰功能，而且穿脱方便，搭配随意，是非常实用的便服。

（六）褂襕

褂襕又称为"比甲""大坎肩"，上身似坎肩，下身似直身式袍服。相传是元世祖的皇后所创，"元世祖后察必宏吉剌氏，创制一衣。前有裳无衽，后长倍于前，亦无领袖，缀以两襻，名曰'比甲'。盖以便弓马也。流传至今，而北方妇女尤尚之，以为日常用服"。清代宫廷后妃的褂襕，一般都称为"大坎肩"，是常见便服；皇帝的大坎肩，在故宫藏品中较少见。大坎肩是融合了不同的服饰文化而成的，分

图40 湖色缎绣孔雀开屏人字襟夹坎肩（正面）（背面）

图41 元青色缎平金银绣百蝶纹夹大坎肩

图42 石青色缎平金绣云鹤纹夹大坎肩

图43 蓝色宁绸夹大坎肩

为大襟和对襟两种，其中对襟大坎肩有的在开裾处饰有飘带，后妃在春秋季节或早晚寒凉时穿着在衬衣、便袍外面。

大襟大坎肩形制为圆领，大襟右衽，无袖，身长至膝下，左右开裾。如同治元青色缎平金银绣百蝶纹夹大坎肩（图41）的面料用色较深，盘金绣百蝶纹，意喻百寿，边饰较简洁，腋下用绣边、绦带盘饰小朵如意云头。此件褂襕面料用色沉稳不失华丽，图案活泼但不张扬，绣工精致细密。按满族风俗，老年或寡居的后妃穿用的服饰用色较深（图42），以彰显端庄稳重的仪态。这些老年后妃穿用的大坎肩，在装饰设计细节上，与晚清宫廷便服流行的华丽装饰略有区别，比如边饰去繁缛、重简洁，更突出了端庄典雅的设计风范。

对襟大坎肩分为左、右开裾和左、右、后开裾两种。皇帝的对襟大坎肩形式为左右开裾，无袖，直身式，身长至膝下。如康熙蓝色宁绸夹大坎肩（图43），面料为暗花宁绸，素雅简洁，镶有貂皮领，实用但不奢华，展现了康熙朝便服的特点。后妃的大坎肩均为圆领，无袖，直身式，身长至膝下，除开裾有所区别，在穿用上并无过多限制，有些对襟大坎肩的左右开裾处缀有装饰性飘带。对襟大坎肩的装饰非常华丽，边饰尤为讲究，胸前、腋下和后开裾处用绣边、绦带镶饰大朵如意云头，飘带下端也装饰与衣边同样的边饰，是后妃日常穿用的便服，穿着场合比较随意，与里面的衬衣、便袍搭配也随其所欲。

因为后妃的大坎肩是穿在外面的服饰，所以，做工尤为讲究，设色尤为华美，如光绪品月色缎彩绣百蝶团寿字夹大坎肩（图44），品月色素缎地上绣五彩百蝶，蝴蝶婀娜多姿，五彩缤纷，图案左右对称，一丝不苟，既彰显了年轻后妃的个性，又不失宫廷服饰的规矩端庄，绣工精致，无论是绣线擘丝，还是金线的捻制，都堪称完美，是晚清后妃服饰精品。品月色缂水墨海棠花纹夹大坎肩（图45），面料图案是仿传统绘画中水墨技法的缂丝，与边饰图案相呼应，左右对称，浓淡相宜，仿佛翰墨绘制，华丽中彰显雅致，俊俏中不失端庄。这类设计好图案织造的缂丝便服衣料，在晚清已经少于前朝，此件是品相完好的精品。

清初到中期，清宫大坎肩并不是便服中引人注目的服饰，而是非常实用的御寒衣物，以实用性为主。

图44 品月色缎彩绣百蝶团寿字夹大坎肩（正面）（背面）

图45 品月色缂水墨海棠花纹夹大坎肩（正面）（背面）

（七）裤

故宫院藏清代宫廷的裤，有四季之别，款式分为两种，一是有腰的裤子，男女款式稍有不同。男裤形式为斜裆，平裤口，裤腿展开呈"人"字状，裤腰为前后两片，较宽，并缝有四根腰带，有的裤脚侧开裾，缀子，便于系腿（图46）。女裤裤腰不分片，其他与男裤相同（图47）。二是套裤。《清稗类钞》载："套裤，胫衣也……其形上口尖，下口平……加于棉裤、夹裤、单裤之上……大率为男子所用，若在妇女，则惟旗人及江苏镇江以北者始著之。"故宫院藏传世套裤基本与《清稗类钞》所述相仿，形式为两条裤腿不相连，裤腿上方呈锐角，上端分别缀带两条，其中一条为环状，穿着时系于腰带上。裤脚为平口，后侧开裾，下端分别缀两条带，用于系紧裤腿。套裤套于内裤之外，起遮挡和装饰作用（图48）。

图46 黄色云龙纹织金缎夹裤（正面）（背面）

图47 藕荷色缎蓝色大洋花纹有腰女夹裤

图48 明黄色绸绣彩荷兰蝶纹镶品月色缎边单套裤

（八）袄

袄为有里子的上衣，一般穿在袍服里面，是历史悠久的服饰。故宫院藏清代宫廷的袄与民间之袄几无差异，款式有圆领、立领之分，平袖端，袖窄，袖长及腕，身长及胯，左右开裾，有大襟、琵琶襟、对襟等样式。袄一般分为夹、绵两种，夹的用于春秋御寒（图49），绵的是寒冬穿用，里面絮有丝绵（图50），因为穿在里面，所以并不注重装饰的华丽，但所用面料和里子非常考究，力求柔软舒适。

图49 银灰色缎彩色方胜纹小夹袄

图50 绿色云凤纹暗花绫绵袄

三、便服的装饰工艺特点

便服作为清代宫廷中装饰华丽、工艺最为繁复、形式最具特色的服饰之一，面料的选用十分讲究，常见以缂丝、暗花缎、绸、纱、漳绒以及各色刺绣居多，织金缎、羽毛纱、织造工艺繁复的各类妆花等相对鲜见，其中刺绣中有彩绣、珠绣和平金银绣等工艺。

刺绣面料针黹灵活多变，配色自如，不仅传达出图案的寓意，也将丝线彩绣的质感和光泽展现出来。图案有传统的龙、凤、暗花团龙、暗花团寿等，更多见四季花卉、八宝、杂宝等具有吉祥寓意的图案，变化更具个性，更加华美绚丽。后妃们可以把自己喜欢或需要的纹饰设计在衣服小样上，刺绣为绚丽华美的面料，在适合的场合穿着，或显示皇家内眷的端庄高雅，或迎合各宫主位的喜好。面料底子多为素色缎、绸、纱、罗等，技法几乎囊括了所有传统刺绣针法，常用的有套针、缠针、平针、滚针、戗针、拉锁子、平金银、打籽、纳纱等针法，而工艺独特的珠绣，则通过珍珠独特的光泽，使面料图案更具有立体感，更显华贵。

便服中的缂丝面料，在清代织造面料属工艺较为繁复的品种。清中期以前，事先设计好面料图案，再按照穿着者身材尺寸量身织造。晚清织造面料的工艺、用色都不如前朝。缂丝面料多见于缂织花卉轮廓、着笔晕染色彩的，缂金面料的氅衣、衬衣等，捻金线的色比前朝所用的较差，光泽晦暗，图案设计呆板，缂织技法简单粗糙（图9）。虽然自古有"一寸缂丝一寸金"之说，但这时的缂丝（缂金）面料已

图51 明黄色绸绣彩球梅花纹绵马褂

图52 月白色缂丝凤梅花纹灰鼠皮氅衣

图53 绿色纱绣枝梅金团寿字镶领袖边单袍

图54 湖色缎彩绣球蝶纹女夹袍

然大不如缎绣、绸绣、纱绣受欢迎。一方面，缂丝面料本身就不如绸、缎华丽，有光泽；另一方面，针黹刺绣灵活多变，晕色自然，立体感强，更能迎合晚清宫廷追求奢华、体现个性的风尚。

便服的面料所饰图案，大多以传统的吉祥图案为主。清中期以前，一般为暗花面料，图案以团龙、团寿等纹样居多，装饰较为简单。清晚期，为了迎合慈禧太后的喜好，多数图案为花卉、草虫、八宝、杂宝、团寿字等，花纹单位相对较大，一般是图案左右对称（图51），大图案是前后对称（图52），寓意吉祥、长寿、幸福。灵活变换的针法和色丝，将花鸟草虫表现得栩栩如生，因此有"朝士从风而靡，团龙遂不入时"的说法。按清制，后妃穿用便服时，其面料纹饰必须与季节时令相符，四季花卉的纹饰尤为讲究，不可错乱。

便服的边饰是其最突出的特点之一。有些夏日薄质的便服，所用的华美繁复的边饰，甚至比衣服面料本身还要厚重。满族服饰以镶边为高贵，清初就已有贵族装饰皮衣边的风尚。一些贵族用名贵的毛皮剪裁成条，镶于领口、衣襟、袖端，作为缘饰，称作"出锋"。除了皮袍、绵袍，一些夹服也如此，以显示身份和尊贵。在中原地区，清中期以后，民间妇女服饰各种丝质镶边日趋复杂。《清稗类钞》载："咸同间，京师妇女衣服之滚绣，道数甚多，号曰'十八镶'。"这种风气渐入宫中，后宫的日常服饰也因此而时尚起来。同光以后，这种镶边装饰日益繁复，已经不再是满族服饰原有的、朴素的皮边饰或简单的一两道绦边，而有愈繁愈美的趋势（图53、图54）。一般来说，其中较窄镶边的是用机织的绦带或素缎、素绸的滚边，相对宽的一道饰边的质地、工艺和图案，与服装面料质地相同，但其颜色与鲜丽的面料反差较大，大多深于面料颜色，以突出华丽面料及其精致的织绣工艺。但是，也有的服饰镶边为浅色，是为了迎合穿着者的喜好而做。光绪品月色缎绣玉兰蝴蝶纹夹氅衣（图55）就是在品月色素缎上绣折枝玉兰和蝴蝶，衣襟、袖端镶饰粉色二龙戏珠纹绦边、粉色缎绣折枝玉兰蝴蝶纹边、宝蓝色万字曲水织金缎边。用色一反清代传统服饰镶边色重于服装主体色调的风格，而是使用相对浅一些的粉色，但是配色非常和谐，既突出了面料的华美，面与镶边又浑然一体，成为完美的组合。值得一提的是后妃的便服上镶饰龙纹饰边，非常鲜见，可以见到的图片只有慈禧太后着氅衣坐像中氅衣的边饰有一道二龙戏珠绦（图56），而这件氅衣的图案是慈禧太后喜欢的纹饰——折枝玉兰，与其乳名"兰儿"谐音。氅衣的绣工异常细腻精美，边饰的颜色同样比面料用色浅，做工比同时期的同类便服做工更为规矩讲究，是同治光绪时后妃服饰精品之一，因此不排除这是慈禧太后的御用服饰。

清宫多数便服是穿在外面或是可以单独穿用的，因此织绣工艺非常讲究。绛色缎绣牡丹蝴蝶纹夹氅衣（图57），以绛色素缎为地，用色厚重端庄，镶有宽窄不同的绣边、绦边四道。虽然绦色不同，但镶边图案与服装主题相呼应，折枝牡丹生动写实，蝴蝶婀娜多姿。全身图案对称而不局促，饱满而不呆板，十多种针法灵活变换，细腻娴熟，晕色自然和谐。针脚工整平齐，做工讲究精致。虽是年长者服用的深色服装，并无压抑呆板之感，是清代后妃氅衣中的精品。图58粉红色

图55 品月色缎绣玉兰蝴蝶纹夹氅衣

图56 慈禧太后着氅衣旧照

图57 绛色缎绣牡丹蝴蝶纹夹氅衣

图58 粉红色纱绣海棠纹单氅衣

图59 串米珠料珠纽扣　　　　图60 白玉扣　　　　图61 翡翠纽扣

图62 蓝料扣　　　　图63 蜜蜡琥珀纽扣　　　　图64 珊瑚纽扣

纱绣海棠纹单氅衣，是年轻的后妃夏日穿用的便服。折枝海棠花有着"玉堂富贵"的寓意，鲜艳的配色洋溢着热情活泼的春夏气息。芝麻纱面料的纱孔规矩细密，通透挺括，代表着清代纺织技术的高超水平，穿着凉爽舒适。袖端的装饰绦边和接袖多达六层，把清代后妃服饰的装饰风格表现到极致。因为面料轻薄，绣工的精致显得尤为重要。至于这件氅衣的绣制，劈丝细过发丝，运针灵活娴熟，绣出的花卉平齐细薄，手触几乎感觉不到绣线凸浮于纱地表面，但绣线晕色的巧妙，又使得折枝花卉颇具立体感，工艺之精湛可谓妙手天成。

满族传统的服饰一般是圆领的，需要时穿上领衣（图56）。领衣是一种有领子而无袖的、极小的牛舌式坎肩，穿在圆领的袍服里面，将领子翻在袍服外面，为颈部保暖。女式领子还有一种是一条长而窄的绣有各式图案的丝质领巾，一端披在领口的第一个和第二个扣中间，

一端垂在胸前。清中期以后，便服中的马褂、坎肩等也有镶上立领的，立领质地及其工艺，一般与服饰面料相同（图35、图40）。

扣子，是清宫便服中另一种极具特色的装饰。清中期以前的服饰上，扣子品种较少，一般为铜镀金光素扣、铜镀金錾花扣和石青色素缎盘结的扣，扣襻为2厘米左右。清中期以后，扣襻逐渐加长至4～5厘米，甚至更长，所用材质为传统的石青色素缎或石青色织金缎。晚清扣饰的变化主要体现在宫廷女眷便服中，其中最主要的变化体现在材质和样式上。除前述传统扣子外，还出现了珍珠扣（图59）、玉扣（图60）、翡翠扣（图61）、料石扣（图62）、蜜蜡扣（图63）、珊瑚扣（图64）、铜镀金累丝镂空串米珠纽扣（图65）、机制金属扣等，其中以金属币式扣和各式玉扣居多。玉扣异形造型主要有荷叶形、蝙蝠形，一般圆扣图案有镂空雕团寿字、浮雕五蝠捧

寿等，这些制作精致的币式玉扣是清晚期特有的。我们所见到的许多扣饰的扣鼻是问号形的，这是因为这些扣饰是可以随意取换的，晚清宫廷后妃便服中有许多衣服是两侧襟上都只有扣襻，没有扣子。穿用时，可根据个人的喜好随心所欲地替换，只需取来扣饰，挂住两边的扣襻即可。晚清样式繁多的扣子和巧妙的使用方法，为华丽的便服又添一道风景。

图65 铜镀金累丝镂空串米珠纽扣

　　清代宫廷便服，就其宽襟博袖的款式来说，背离了清初统治者的立国之本。最初的清代宫廷便服相对简单洗练，实用性较强。后来受民间"十八镶"影响，边饰逐渐繁复起来，并有越繁越美的趋势（图66）。这不仅反映了晚清统治者逐渐有悖于祖训，不再将保持游牧民族服饰特点作为维护、巩固政权的基础，也反映了服饰制度在政治制度中重要性的衰微。服装款式逐步追求舒适、华美和奢侈，是政治制度腐败的必然结果。此外，清末至民国以后，受到外来文化影响，华美的清宫便服与满族服饰特点鲜明的袍服相融合，逐渐演变成旗袍，突出了女性身体的曲线美，成为中华民族服饰中的奇葩。

图66 婉容着氅衣旧照

作者
简介　　殷安妮　故宫博物院副研究员

　　主要研究方向为清代宫廷服饰、中国古代织绣艺术和明清织绣品等。著有《故宫织绣的故事》《故宫经典：清宫后妃氅衣图典》《故宫经典：清宫服饰图典》《绣珍：吴向明藏当代绣品选》《天朝衣冠：故宫博物院藏清代宫廷服饰精品展》等。

清代宫廷服饰的种类及其特点

【摘要】

本文归纳清代宫廷服饰分为礼服、吉服、常服、行服、雨服、戎服和便服七大类，阐述其每种服装的形制特征及各自不同的使用场合。分析了清代宫廷服饰内在特点，主要包括清代宫廷服饰具有严格的等级特征，这些等级性主要是通过服饰的质料、款式、颜色、纹样和饰物五大重要组成元素来体现。清代宫廷服饰也反映了满、汉服饰文化的相互影响与融合，既有鲜明的满族民族服饰特色，也继承和吸收了历代汉族传统服饰的特点。

【关键词】

皇帝服饰　皇后服饰　等级特征　民族特色　满汉影响

清代是中国最后一个封建王朝，在政治、经济和文化等许多方面都达到了中国古代社会发展的鼎盛阶段。与之相应，其服饰制度也体系庞大，规制浩繁，超越了中国古代以往各个历史朝代，在中国服饰史上占有极其重要的地位。清代宫廷服饰则是清代所有服饰中等级规格最高的服饰，在清代服饰制度中占有最重要的核心地位。

由于清代去国不远，清宫服饰被大量地保存下来，其中以北京故宫博物院所藏最为丰富，有十余万件。此外，在辽宁沈阳故宫博物院、河北承德避暑山庄博物馆、英国维多利亚和阿尔伯特博物馆，以及美国华盛顿美国自然与历史博物馆、纽约大都会博物馆、波士顿艺术博物馆和费城艺术博物馆等各大博物馆，也都有数量

不等，成百上千件清宫服饰藏品。这些藏品，为我们研究清宫服饰提供了丰富翔实的实物资料。此外，大量清代典籍、档案、笔记，以及反映清代宫廷生活的清代宫廷纪实性绘画和肖像画，甚至包括晚清的宫中照片等，也是研究清宫服饰不可或缺的重要的文献和图像资料。

本文拟综合考察和运用这几种资料，探讨清代宫廷服饰的种类及其特点，以使我们对清代宫廷服饰有更进一步的认识和了解。

一、清代宫廷服饰的种类

清代宫廷服饰种类多样，繁复详备。

据《大清会典》等清代典制文献所记载的规定及对故宫博物院藏清代宫廷服饰实物的考察，清代皇帝服饰可分为礼服、吉服、常服、行服、雨服、戎服和便服七大类，皇后服饰分为礼服、吉服、常服和便服四大类。这些服饰分别穿用于祭祀、朝会、节庆、节日、巡行、日常闲居等各种不同的场合。

（一）礼服

礼服是在祭祀、朝会等重大典礼时所穿的服装。皇帝礼服包括端罩、衮服和朝袍，后妃礼服包括朝褂、朝袍和朝裙。在清代宫廷所有的服装种类中，礼服的等级规格最高。

端罩是形制宽大的褂式裘皮服装，圆领、对襟、平袖、袖长至腕、身长至膝，皮毛朝外穿。满族最初居住在寒冷的东北地区，为适应严寒的气候，喜穿保暖性强的裘皮服装。端罩就是清代皇帝所穿裘皮服装的代表，冬季举行大典时，皇帝将端罩穿于朝袍外面以御寒冷（图1）。如咸丰四年《穿戴档》记载："正月十一日，祭祈谷坛……上戴小毛本色貂皮缎台正珠珠顶冠，穿蓝缂丝面貂皮边白狐膁接青白膁朝袍、黄面黑狐皮朝端罩。" ❶

衮服是穿于朝袍之外的褂式服装，圆领、对襟、平袖式，身长至腰，袖长及肘，在两肩、前胸和后背各饰正面五爪金龙一团，左右肩分别饰日、月两章（图2）。衮服只有皇帝才可穿用，皇子穿朝袍时配穿的外褂，形制虽与皇帝相同，但减去日月两章，不能称衮服，而称"龙褂"。亲王以下至文武九品官，穿朝袍时配穿的外褂则称为"补服"或"补褂"。

朝袍是清代宫廷最主要的礼服形式。清代皇帝从清入关前的努尔哈赤时期直至

图1 嘉庆年间，明黄色江山万代纹暗花江绸黑狐皮端罩

图2 乾隆年间，石青色缎缉米珠绣四团彩云蝠纹棉衮服

❶ 中国第一历史档案馆.清代档案史料丛编.第五辑[M].北京：中华书局，1980：236.

图3 乾隆年间，宝蓝色缎绣彩云金龙纹男夹朝袍

图4 康熙年间，明黄色缎绣彩云金龙纹貂皮
镶海龙皮边男朝袍

图5 嘉庆年间，大红色缎绣彩云金龙纹染银
鼠皮边男夹朝袍

图6 雍正年间，月白色彩云金龙纹妆花纱男
夹朝袍

入关后的乾隆朝，对朝服制度一直不断地进行修订和完善。因此，清早期的顺治、康熙和雍正各朝的皇帝朝袍在形制和纹饰上都有所不同，甚至差异较大，这在故宫博物院藏品中清代这几个时期的皇帝朝袍实物中可以得以印证。随着乾隆二十九年（1764年）乾隆朝《大清会典》和乾隆三十一年（1766年）《皇朝礼器图式》的颁布，标志着清代服饰制度的最终定制，清此后各朝均遵此制，未有更易。

乾隆朝定制后的皇帝朝袍的标准式样为圆领、右衽大襟、马蹄袖、附披肩领、上衣下裳相连属，是衣长及脚，袖长掩手的长袍式服装。朝袍全身共装饰金龙纹四十三条，其中前胸、后背、两肩正龙各一，衽正龙一，腰帷行龙五（包括里襟的腰帷处行龙一），襞积前后团龙各九，里襟襞积处团龙四，下摆前后正龙各一、行龙各二，里襟下摆行龙一，袖端正龙各一，披领行龙二。全身饰日、月、星辰、山、龙、华虫、黼、黻、宗彝、藻、火和粉米，共十二章，寓意着皇帝权力的至高无上和道德的至善至美。

皇帝朝袍有蓝色、明黄色、红色和月白色四种颜色，分别在祭祀天（图3）、地（图4）、日（图5）、月（图6）时穿用。穿这四色朝服的同时，还要佩挂与朝服颜色一致的朝珠，它们分别是祭天用蓝色的青金石朝珠，祀地用黄色的蜜珀朝珠，朝日用红色的珊瑚朝珠，夕月用月白色的绿松石朝珠。

此外，明黄色朝服还穿用于朝会、祭先农坛、孟夏时享祭太庙、祭关帝庙等场合，同时佩挂东珠朝珠（图7）。如咸丰四年《穿戴档》记载："三月十二日，祭先农坛。上戴天鹅绒缎台正珠珠顶冠，穿蓝江绸棉袍、套穿黄绛丝片金边夹朝袍、石青绛丝棉金龙褂，戴金镶松石斋戒牌，戴东珠朝珠。"❶ 又载："四月初一日，孟夏时享祭太庙。上戴轻凉绒缨朝冠，穿黄绵丝片金边夹朝袍、石青绵丝夹金龙褂，戴金镶松石斋戒牌，戴东珠朝珠。"❷

清代皇帝穿朝袍时，除必须佩挂朝珠外，还必须同时穿戴朝冠、朝带和朝靴，形成从头到脚一套完整的朝服礼制。

后妃的礼服由朝褂、朝袍和朝裙组成，穿着时必须同时穿用，穿着顺序是从内到外依次为朝裙、朝袍和朝褂。

皇后朝褂的形制有三式，常见的一式为圆领，对襟，无袖，长度略短于朝袍，色为石青，前后身各饰金立龙两条（图8）。

皇后朝袍的形制也有三式，常见的一式为圆领，大襟右衽，附披领，两肩加护肩缘，马蹄袖，袖身相接处有中接袖，左右开裾。色为明黄，除领袖外，袍身饰金龙九条（图9）。皇太后和皇贵妃的朝袍与皇后完全一样。皇贵妃以下，则用颜色来区分等级，贵妃、妃用金黄色，嫔用香色。

后妃朝裙的形制，根据《大清会典》规定，由上下两截组成，上截面料为红织金寿字缎，下截面料为石青色行龙妆花缎，正面有襞积（叠褶），为系带式（图10）。故宫博物院藏品中仅有唯一的一件朝裙形制与此相符。而故宫藏品中较为常见的朝裙形制为圆领，无袖，大襟右衽，上衣下裳相连属，腰部有襞积，后身垂带两条。但这种形制并不

❶ 中国第一历史档案馆.清代档案史料丛编.第五辑[M].北京：中华书局，1980：251.

❷ 中国第一历史档案馆.清代档案史料丛编.第五辑[M].北京：中华书局，1980：255.

图7 咸丰年间，东珠朝珠

图8 乾隆年间，石青色绣缉米珠彩云金龙纹金板嵌宝石棉朝褂

图9 嘉庆年间，明黄色纱绣彩云蝠金龙纹女夹朝袍

图10 康熙年间，红色织锦缎接石青色寸蟒妆花缎夹朝裙

见于清代服饰典制记载。

（二）吉服

吉服是在宫廷喜庆节日，如万寿节、千秋节、元宵节、七夕节、中秋节等场合穿用的服装。吉服包括吉服褂和吉服袍，吉服袍也即是人们常说的"龙袍"。皇帝龙袍的形制是圆领，右衽大襟，马蹄袖，四开裾直身式长袍。龙袍色用明黄，全身饰金龙九条，其中前胸、后背和两肩正龙各一，下摆前后行龙各二，里襟行龙一。全袍饰十二章（图11）。

此外，吉服也穿用于祭新月神、坤宁宫还愿、明殿拜斗等一些小型祭祀场合。如咸丰四年《穿戴档》记载："正月初二日，祭新月神。上戴大毛貂尾缎台苍龙教子正珠冠顶，穿黄缂丝面青白膁金龙袍、石青缂丝面黑狐膁金龙褂，戴菩提朝珠……正月初四日，上戴大毛本色貂皮缎台正珠珠顶冠，穿蓝缂丝面天马皮金龙袍、石青缂丝面乌云金龙褂，戴血珀朝珠。"❶

皇后所用龙袍的颜色及装饰纹样与皇帝龙袍完全一样，区别在于皇后龙袍有中接袖而皇帝龙袍无，皇后龙袍为左右两开裾而皇帝龙袍为前后左右四开裾，开裾的高度也有差异，皇帝左右开裾低而皇后左右开裾高。

皇帝吉服袍（即龙袍）与皇帝朝袍的区别在于皇帝朝袍为上衣下裳连属式，附披肩领，而龙袍则为直身式，无披肩领。此外，二者全身所饰的龙纹的形状与数量也各不相同。

（三）常服

常服穿用于大祀的斋戒期、一些小型祭祀（如祭枪刀神），及经筵、恭上尊谥、恭奉册宝等庄重恭敬的场合，或其他一些较正式场合。常服包括常服袍和常服褂，常服袍是圆领，大襟，马蹄袖，四开裾长袍；常服褂是圆领，对襟，平袖，过膝长褂，色用石青色，穿于常服袍之外。常服的面料、颜色、花纹不像礼服和吉服那样有严格的规定，但大致也有一定的范围并相对固定，通常以素色和暗花为主，常用的颜色有天蓝色、宝蓝色、淡蓝色、酱红色、枣红色、灰绿色、姜黄色和浅米色等（图12）。

常服不及礼服等级规格高，但又比便服更具礼制意义，穿常服在很大程度上表示的是一种虔诚恭敬之意。如皇帝在先祖忌辰之日，应穿素服，以示祭奠悲伤，但若此日正好又是祭祀的斋戒期内，则改穿常服，以示对神灵的恭敬。如嘉庆二十三年（1818年）嘉庆帝谕："昨礼部奏，八月二十三日世宗宪皇帝忌辰，在夕月坛斋戒期内，应用常服。朕惟列圣列后忌辰例穿素服，如值天地、宗社大祀斋戒期内，

---

❶ 中国第一历史档案馆.清代档案史料丛编.第五辑[M].北京：中华书局，1980：233-234.

自应一律改用常服，以昭至敬。"❶又如在节日等喜庆场合，本应穿吉服，但若恰遇月食等天象，则也要改穿常服。如乾隆四十年（1775年）正月，乾隆帝谕："向遇上元节，例穿蟒袍三日。今年正月十六日适届月食，虽月食非日食可比，为春秋所不书，但究关垂象之义，亦应昭敬。是日著止穿常服，其蟒袍改于十七日补穿。"❷

穿常服有佩挂朝珠和不佩挂朝珠之分，若佩挂朝珠则表示更为正式和庄重。如乾隆四十二年（1777年）正月，乾隆帝生母孝圣宪皇太后病逝，军机大臣等议奏恭拟乾隆帝有服丧期间所应穿用的服饰："乙巳，上诣九经三事殿大行皇太后梓宫前供奠。军机大臣等议奏恭拟御用服

色：一、百日内，服缟素。百日释服外，二十七月内，素服。诣大行皇太后几筵前，冠摘缨纬。一、百日内，遇祀天坛、地坛、太庙、社稷坛、日坛，遣官行礼。斋戒日，素服，冠缀缨纬，带斋戒牌。百日外，亲诣行礼。斋戒日，常服，不挂朝珠。阅视祝版，先期宿坛，常服，挂朝珠。"❸在这里，阅视祝版较斋戒的礼义更重，因此，须穿常服并挂朝珠。

（四）行服

行服是清代皇帝外出巡行、狩猎时所穿的服装，包括行冠、行服袍、行褂、行裳、行带五部分。清代后妃没有行服。行服最大的特点是穿着时便于骑马出行和射箭狩猎，这是满族独具民族特色的服装。

行服的穿着方法是：行服袍穿在内

图11 乾隆年间，明黄色缎绣彩云金龙纹男夹龙袍

图12 乾隆年间，绛色二则团龙纹暗花缎男绵常服袍

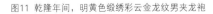

❶ 清仁宗睿皇帝实录，卷三百四十五（嘉庆二十三年八月）[C]//清实录，第32册.北京：中华书局，1986.
❷ 清高宗纯皇帝实录，卷九百七十四（乾隆四十年正月上）[C]//清实录，第21册.北京：中华书局，1985.
❸ 清高宗纯皇帝实录，卷一〇二六（乾隆四十二年二月上）[C]//清实录，第21册.北京：中华书局，1985.

图13 康熙年间，油绿色云龙纹暗花缎棉行服袍

图14 雍正年间，月白色素春绸里梅花鹿皮行裳

图15 康熙年间，黄色缎绣金龙纹铜钉康熙帝御用绵甲

（图13），行褂穿于行袍之外，下身系行裳（图14），腰间系行带。其中行服袍的式样是大襟，马蹄袖，四开裾，身长较常服袍减短十分之一，右侧的前下襟裁下一尺见方的一幅，是单独的一片，用纽扣与袍相扣系。因行袍穿用时把右下襟撩开系上，看起来好像缺了一块襟，因此又称"缺襟袍"。不骑马的时候，可以用纽襻将这单独的右襟扣在袍子上，成为一件完整的常服袍。骑马时则将右前下襟撩开系上，使袍子的右边比左边短一二尺，便于上下马鞍。这种设计可谓独具匠心，十分巧妙。

（五）雨服

雨服是清代皇帝在下雨时所穿的服装，包括雨冠、雨衣、雨裳三部分。穿时雨衣穿在内，雨裳系在雨衣外，雨裳的颜色与雨衣一致。据清代服饰典制的规定，皇帝穿的雨衣有六种形式，均是明黄色。但目前故宫博物院藏品中，尚未见到一件与典制相符的雨服。个中原因，据推测可能与雨服使用后或不留存有关。

（六）戎服

清朝统治者以骑射得天下，因此十分崇尚武功。清初确立了大阅、行围制度，定期由皇帝组织大规模的军事演习，全面检阅军队的装备和武功，以此作为倡导骑射，保持八旗军队强盛战斗力的措施。在参加这些军事活动时，皇帝要身穿戎服。皇帝的戎服称大阅甲，专用于检阅八旗军队。大阅甲为上衣下裳式，由上衣、下裳（分左右两块）、左右护肩、左右护腋、左右袖、前挡和左挡十一部分组成。如康熙帝的一件戎服以明黄色缎作面料，内絮丝绵，通身钉缀鎏金铜泡钉，以增强绵甲的耐磨和防护性能，饰彩云金龙和海水江崖纹，大面积用金，具有金碧辉煌的装饰效果（图15）。

（七）便服

便服是清代宫廷日常闲居时穿用的服装，包括便袍、马褂、氅衣、衬衣、坎肩、袄、斗篷、裤等。便服不见于《大清会典》和《皇朝礼器图式》等清代服饰典制记载，但见于清代皇帝起居和穿戴档等文献档案记载，并在故宫博物院藏清代服饰实物中大量存在。

便服具有形式繁复多样、颜色与纹样丰富多彩、穿着舒适宜人等特点。其中便袍的形式为圆领，大襟右衽，平袖，左右开裾，面料通常选用素色或暗花的绸、缎、纱。便袍与常服袍最大的区别在于便服的袖口为平袖，而常服袍为马蹄袖。

便服中最为华丽多彩的是后妃的氅衣和衬衣。氅衣款式为圆领，大襟右衽，直身，平袖及肘，左右两侧开裾高至腋下（图16）。衬衣的款式与氅衣基本相似，但衬衣左右两侧不开裾，也无氅衣两腋下所饰的两个对称的云纹图案（图17）。穿用时，衬衣穿在内，氅衣套在衬衣之外。清代后妃的便服由于受服饰制度的限制较小，因而设计形式富于变化，色彩艳丽，纹样华美。

在以上七类服装中，礼服、吉服和戎服穿用于祭祀、朝会和吉庆等重要礼仪场合，其用料、款式、颜色、花纹及所用佩饰等都有十分严格的规定，因此，它被赋予了更为强烈的政治色彩和礼制意义。行服、雨服和便服穿用于出行和日常闲居等场合，用料、款式和颜色等相对而言较为简单和随意，因此具有更多的实用性和审美的特点。常服则较为特殊，既有礼仪性的一面，又有相对简单的一面，因此，它兼具二者特点，是介于礼仪性向实用性过渡的一类服饰。

图16 光绪年间，红色纳纱百蝶金双喜纹单氅衣

图17 光绪年间，品月色缎平金银绣菊花团寿字纹绵衬衣

清代皇帝有时在同一天的不同时刻和不同场合，也要更换不同的穿戴服饰。据咸丰四年《穿戴档》记载，咸丰四年正月初一元旦节，咸丰帝依次到宫中的明殿和佛堂等处拈香（即烧香），到寿康宫向母亲行礼，到太和殿受贺，到乾清宫受后妃礼等，都是穿朝袍，外罩端罩。这些礼仪结束后，把朝袍和端罩换下，换上龙袍和龙褂。❶这即是把礼服换下，而换上吉服。

又如咸丰四年五月二十七日为夏至日，咸丰帝前往地坛祭地。从宫中出发时，咸丰帝"戴绒草面缨苍龙教子正珠珠顶冠（缀珠重一钱九分），穿黄直径地纳纱织金纱边朝袍，石青直地纱纳绣洋金龙褂，戴金镶松石斋戒牌，戴东珠朝珠（系自鸣钟），束金镶琥珀四块瓦方祭带，穿蓝缎凉里皂靴"。至地坛后更衣，"珠顶冠下来，换戴轻凉绒缨朝冠。"可以看出，咸丰帝从宫中出发到祭祀的全过程穿朝服。祭祀完毕返回斋宫后，上述祭祀时穿的朝服包括朝冠、朝袍、龙褂、朝带和朝珠等全部换下，"换戴万丝生丝缨冠（缀珠重一钱九分），穿蓝葛纱袍，石青葛纱褂，戴菩提朝珠（系内殿），束白玉钩马尾钮带，穿青缎凉里皂靴。"从款式看，这套服装是常服。返回宫内养心殿后，咸丰帝"朝珠下来，换酱色葛纱衫"，又换

穿了便服。❷在这同一天之内，咸丰帝既穿了礼服，又穿了常服，还穿了便服，可见清代皇帝穿衣十分讲究，礼仪复杂，不胜其繁。

此外，随着四季气候的冷暖变化，清宫中皇帝、后妃和王公百官们要统一更换服装，相应换穿单、夹、绵、裘等厚薄不同的各种服装。这样做的目的是可使朝廷中服装整肃，避免各季服装混穿而致仪容不整，礼节不齐的现象。通常春、秋为夹服；夏为单服；冬为绵、裘服；四季交替穿用。其中夏季以纱为常用，有实地纱、直径纱、芝麻纱和妆花纱等多个品类，其组织结构密度小，质地轻薄，穿着时凉爽透气。冬季服装则为绵服或裘服，其中裘皮料取自于东北高寒地区，有貂皮、海龙皮、狐皮、银鼠皮、猞猁狲皮、水獭皮、鹿皮、狍皮等多种名贵皮张，保暖性能极佳，装饰华美高贵。

二、清代宫廷服饰的特点

（一）清代宫廷服饰具有严格的等级特征

清代宫廷服饰制度十分严格，等级森严。从高到低可分为三个大的等级：一是

❶ 中国第一历史档案馆.清代档案史料丛编.第五辑[M].北京：中华书局，1980：232.
❷ 中国第一历史档案馆.清代档案史料丛编.第五辑[M].北京：中华书局，1980：270.

帝位级，包括皇帝及后妃。二是爵位级，包括皇子、亲王、郡王、贝勒、贝子、镇国公、辅国公、镇国将军、辅国将军、奉国将军、奉恩将军等皇亲贵族，以及公、侯、伯、子、男等民姓封爵者。三是官位级，包括一至九品的各级官员。而每个等级中又有上下若干等级，每一级人员相应所穿的服饰，都有严格的规定，各级官员必须严格遵守服饰等级制度的限定，不得擅自僭越。清代宫廷服饰的等级性主要是通过服饰的质料、款式、颜色、纹样和饰物五大重要组成元素来具体体现的。

从质料方面来体现等级性，如礼服中的端罩，在等级上的区分主要是通过端罩外表皮质的种类优次来区分，等级越高，皮质越好。按清代服饰典制规定，端罩的质料有黑狐皮、紫貂皮、青狐皮、貂皮、猞猁狲皮、红豹皮和黄狐皮七种。皇帝的端罩有黑狐皮和紫貂皮两种，皇帝以下，皇太子用黑狐皮；皇子用紫貂皮；亲王、亲王世子、郡王、贝勒、贝子、固伦额驸用青狐皮；镇国公、辅国公、和硕额驸用紫貂皮；民公以下，文三品武二品以上及辅国将军、县主额驸等用貂皮；一等待卫用猞猁狲皮间以豹皮；二等待卫用红豹皮；三等待卫及蓝翎待卫用黄狐皮。除上述人员外，其余人均不得享用端罩。

款式上，如开裾数量的多少，反映了等级的高低，开裾多者等级越高。开裾或称开禊，是指在衣服下摆的开衩。如男吉服袍，凡宗室及其以上皆为前后左右四开裾，而宗室以下则为前后两开裾。清人杨静亭于道光二十五年所作竹枝词《都门杂咏》，其中一词言："珍珠袍套属官曹，开禊衣裳势最豪。"❶即反映了开裾这种服装形式在京城官员和等级区分上的意义。

颜色上，如清代服饰中等级最高的颜色是明黄色，它只有皇帝、皇太后、皇后和皇贵妃才可享用，一般臣庶严禁使用，明黄色是凌驾于一切服色之上的神圣而不可侵犯的颜色。即使贵为皇太子，也不能在衣服上使用明黄色，只能在衣服的佩饰如朝带、吉服带及朝珠的绦带等细小不明显的部位使用明黄色。皇帝之下的臣属，朝服的颜色则相对简单得多，皇太子朝服为杏黄色，仅次于明黄色；皇子为金黄色；亲王、郡王的朝服为蓝色及石青色，若蒙皇帝赏赐金黄色者，可得以穿用；贝勒、贝子、固伦额驸、镇国公、辅国公、和硕额驸的朝服不许用金黄色，其余颜色随便用；公、侯、伯下至文武四品官、奉恩将军、县君额驸等人的朝服，用蓝色及石青色；文武五品至九品，则只能用石青色一种颜色。在后妃服装中，用颜色来区分等级也十分严格。皇太后、皇后和皇贵妃的朝袍、龙袍颜色用明黄色；皇太子

---

❶ 杨静亭.都门杂咏[C]//路工.清代北京竹枝词（十三种）.北京：北京古籍出版社，1982：78.

妃用杏黄色；贵妃、妃用金黄色；嫔、皇子福晋、亲王福晋以下至县主用香色；贝勒夫人、贝子夫人以下至七品命妇，除前述明黄色、杏黄色、金黄色、香色不可用外，可用蓝色及石青诸色。

纹样上，最高贵的花纹有龙纹和十二章纹，代表了皇权的至高无上，是皇帝御用的神圣不可僭越的专用花纹。皇帝以下的各级臣属，其吉服不能称作"龙袍"，而称作"蟒袍"。蟒袍上所饰纹样，皇子、亲王、郡王为五爪蟒九条；贝勒、贝子、固伦额驸下至文武三品官、奉国将军、郡君额驸、一等侍卫等人的蟒袍为四爪蟒九条，其中贝勒以下，民公以上曾蒙皇帝赐五爪蟒者可用五爪蟒；文武四品官、奉恩将军、二等侍卫下至文武六品官等人的蟒袍为四爪蟒八条；文武七八九品官及未入流官的蟒袍为四爪蟒五条。

袍的外面往往要套穿褂，官员的褂称"补服"或"补褂"。乾隆时规定，补服的纹样为：郡王补服绣五爪行龙四团，两肩前后各一；贝勒，前后四爪正蟒各一团；贝子、固伦额驸，前后四爪行蟒各一团；镇国公、辅国公、和硕额驸、公、侯、伯，四爪正蟒方补，前后各一。文官一至九品的补子纹样分别是：一品仙鹤、二品锦鸡、三品孔雀、四品雁、五品白鹇、六品鹭鸶、

七品鸂鶒、八品鹌鹑、九品练雀。武官一至九品的补子纹样分别是：一品麒麟、二品狮、三品豹、四品虎、五品熊、六品彪、七品八品犀牛、九品海马。由此可以看出，补子的形状上，圆形补子的等级高于方形补子；纹样的数量上，团纹越多，等级越高；纹样的内容上，正龙高于行龙，龙高于蟒，五爪蟒高于四爪蟒，蟒高于飞禽和走兽，飞禽和走兽又分别以其珍稀和凶猛程度从高到低依次排序。

饰物上，如男冬朝冠的冠顶饰物，其等级依质地从高到低依次是东珠、红宝石、珊瑚、蓝宝石、青金石、水晶、砗磲、素金、镂花金。若同样都饰东珠者，则以东珠的数量多少来区分等级高低，从皇帝所饰十六颗，到皇子、亲王的十颗，郡王的八颗，贝勒的七颗，一直递减至文武一品官的一颗。

诸如此类的等级规定不胜枚举。清代统治者正是通过这些对服饰等级的规定与限制，确立了自帝王至普通官员服饰的外观等差，由此形成上下有别、尊卑有序、贵贱有等的服饰体系，从而达到"辨等威，昭名秩"[1]的统治目的。

（二）满、汉服饰文化的相互影响与融合

首先，清代宫廷服饰保留了鲜明的满

---

[1] 雍正七年谕："百官章服，皆有一定之制，所以辨等威，昭名秩也。"礼部·冠服[C]//大清会典事例，卷三二八.影印：光绪二十五年原刻本.台湾：新文丰出版公司，1976：9475.

族民族服饰特色。

在中国古代，服饰是礼乐文明的一个重要组成部分，服饰制度以其具有礼治教化和等级辨识的重要功能而备受历代统治者所重视，他们无不在改朝换代、政权更替时制定新的服饰制度，以作为王朝更替的象征。这正如汉代董仲舒所说："王者必受命而后王。王者必改正朔，易服色，制礼乐，一统于天下。"❶

清代也不例外，满族统治者在取代明朝而统治天下后，全面废除了中国古代汉族服饰传承了上千年的宽衣博袖式服装，而强制推行本民族具有游牧骑猎特色的紧身窄袖式服装，以衣冠服饰的改变来作为王朝兴替的重要标志，给中国古代流行了上千年的汉族传统服饰以巨大的冲击和变易。同时，对于满族统治者来说，他们视自身民族扫荡中原、夺取天下的骑射武功为克敌制胜的法宝，以之为无上的荣耀。因此，满族统治者十分坚决地推行满族服装，在服饰中保留满族骑射习俗之遗风，以此表明他们对本民族文化的高度重视和竭力维护。

如在服饰质料上，冬季服装大量使用皮料，这些皮料主要产自清代满族统治者的发祥地东北高寒地区。据《满文老档》记载，东北境内盛产"三色貂皮、黑、白、红三色狐皮、猞猁皮、豹皮、海獭皮、虎皮、水獭皮、灰鼠皮、黄鼠皮、貉皮、鹿皮、狍皮等皮张"。❷清初内国史院满文档案还记录了清太宗皇太极崇德三年宁古塔地方所进贡品中有大量皮张："初九日。宁古塔地方渔户贡优劣东珠二百五十颗，未入数之劣者二十颗、珍珠九十四颗、貂皮一千四百二十三张、水獭皮二百三十张、猞狸狲皮十三张、狐皮三十八张、狼皮一张、虎皮三十六张、灰鼠皮四千九百五十三张。"❸可见东北地区所产皮张数量巨大，这为清代宫廷服饰提供了丰富的皮料来源。

考察故宫博物院藏清代宫廷皮质服装，皮料的种类有黑狐皮、紫貂皮、薰貂皮、海龙皮、青狐皮、黄狐皮、银鼠皮、猞猁狲皮、豹皮、狼皮、天马皮、鹿皮、狍皮和羊羔皮等。这些皮毛色泽光润，质地轻软，手感舒适，保暖性强，是十分名贵的御寒珍品。在皇帝冬季服装中多加施用这些毛皮，其中，皇帝冬朝袍一式的披领及下裳俱表以紫貂，袖端用薰貂。皇帝冬朝袍二式的披领、袖

❶（汉）董仲舒.春秋繁露，卷七三[M].上海：上海古籍出版社，1990：41.

❷ 中国第一历史档案馆，中国社会科学院历史研究所，译注.满文老档，太祖皇帝第十五册（天命五年四月至六月）[M].北京：中华书局，1990：140.

❸ 中国第一历史档案馆.清初内国史院满文档案译编[M].北京：光明日报出版社，1989：282.

端、下裳侧摆和下摆用石青色织金缎镶边，再加镶海龙皮边。如故宫博物院藏康熙帝御用明黄色云龙妆花缎皮朝袍，为一式冬朝袍，其披领、大襟缘和下摆皆镶紫貂，袖口镶薰貂，里衬天马皮，领口系黄条墨书："圣祖黄缎织金龙貂皮边天马皮朝袍一件"。

清代宫廷服饰中大量使用皮料，一方面是出于保暖的实用性目的，但另一方面，也是更重要的，则是以此寓含时时不忘先祖的关外旧俗之意。

在外观式样上，清代宫廷服饰保留了满族作为游猎民族出于骑马射猎所需而创制的独具特色的服装式样，如紧身窄袖的袍褂、缺襟袍、披肩领、马蹄袖和四开衩等。

披肩领，又称为"扇肩""大领"，是以扣襻系于朝服领口并披之于肩背的一种扇形附加衣领，其两端部分长而尖锐，后部呈弧形，领大可以覆盖两肩，夏天用石青色片金缘，冬天镶貂皮或海龙皮缘。早在清入关前的天命初年，清太祖努尔哈赤居于赫图阿拉（今辽宁新宾）时即穿戴这种披肩领，当时朝鲜使臣申忠一《建州纪程图记》所载："护领以貂皮八九令造作。"就是这种披肩领的雏形。当时还颁布冠服之制，令众家贝

勒一律穿用一种带披肩领的朝衣，规定"凡朝服，俱用披肩领，平居只有袍。"❶披肩领作为满族的一种富有民族特色的服饰形制，它最初具有避挡风雪御寒的实用功能，此后逐步发展为一种等级标识，成为官服上必佩的一种大领子，并以披肩领的有无来区分臣庶。同时也作为一种极高礼遇的象征，非重臣或有功绩者绝不滥赏，违制佩用者要受严惩。清代入关后逐步完善并制定服饰制度，规定：皇帝、后妃、文武百官及命妇穿朝服时加饰披肩领，皇帝服装中较朝服次一等的吉服（即龙袍）及以下的行服、常服等均不加饰"披肩领"，这种制度一直实行到清朝末年。

马蹄袖，满语称"挖憨""挖杭"。❷满族袍子的袖身很窄，袖端一般都采用与袖身不同颜色的深色缎制作，并在小臂部位熨成层层小褶，既美观又耐磨，满语称作"赫特赫"，《大清会典》称为"熨褶素接袖"。袖头制成半圆形，贴近手背部分较长，贴近手心部分略短，酷似马蹄形，故而称作"马蹄袖"。最初这种袖子是用裘皮为材质缝制的，满族先世在寒冷的东北长期的骑射生活形成了这种独特的服饰形式。这种袖子初创时显然是为了护手御寒，半尺长的马蹄

❶ 中国第一历史档案馆. 中国社会科学院历史研究所，译注. 满文老档，太祖卷三[M]. 北京：中华书局，1990.

❷ 蒋硕婷. 草珠一串[c]//路工. 清代北京竹枝词（十三种）. 北京：北京古籍出版社，1982：52.

形袖头可将手背全部遮盖住，是冬季一种很好的御寒措施。马蹄袖的靠近手心部位相对较短，不影响手的活动，执缰拉弓十分灵活。它简便、利落，实用性强，民间又称它为"箭袖"，意思是便于射箭的袖子。正因为这种袖子十分实用，因此满族先世不分男女都喜欢穿这种马蹄袖的服装。由于这种服饰利于以骑兵为主的八旗军队作战，为大清一统天下立下殊勋，因此清朝统治者把它定为礼服中必备的式样。平时马蹄袖头卷起，凡官员朝见皇帝，下属谒见上司，少辈拜叩尊长，必先把袖头弹下，先左后右，然后单手或双手伏地施礼，以示尊敬。

这些独特的式样是清代宫廷服饰的最大特点，为清代历朝统治者自始至终所竭力恪守，在有清一代近三百年间基本上未做更易。这正如清太宗皇太极于崇德二年谕诸王贝勒所强调："服制者，立国之经……并欲使后世子孙勿轻变弃祖制。"❶也如乾隆三十七年乾隆帝下谕对臣下所训诫："衣冠为一代昭度，夏收殷冔，不相沿袭。凡一朝所用，原各自有法程，所谓礼不忘本也。"❷清代各朝皇帝对祖训遵循不悖。

其次，清代宫廷服饰也继承和吸收了历代汉族传统服饰的特点。

虽然，在满族统治者强制推行"剃发易服"的高压政策下，清代服饰实现了中国古代服饰史上继"胡服骑射""唐装开放"后的又一次革命性跃变。但汉文化毕竟源远流长，根深蒂固，传统汉族服饰文化的力量依然十分强韧。满族统治者长期置身于这种博大精深的汉文化氛围之中，满汉文化不断地进行碰撞、交流和融合，清代宫廷服饰不可避免地也继承和吸收了大量历代汉族传统服饰的特点。

据《清稗类钞》记载，乾隆帝曾对汉服表示青睐，在宫中竟然身着汉服，向文武百官展示其身姿。"高宗在宫，尝屡衣汉服，欲竟易之。一日，冕旒袍服，召所亲近曰：'朕似汉人否？'一老臣独对曰：'皇上于汉诚似矣，而于满则非也。'乃止。"❸在清代宫廷纪实性绘画中，也可见到乾隆帝身着汉装的图像，如佚名绘弘历古装行乐图❹、郎世宁绘乾隆雪景行乐

❶ 赵尔巽，等. 舆服二[C]//清史稿，卷一百零三. 北京：中华书局，1976：3033.
❷ 礼部·冠服[C]//大清会典事例，卷三二八. 影印：光绪二十五年原刻本. 台湾：新文丰出版公司，1976：9478. 赵尔巽，等. 舆服二[C]//清史稿，卷一百零三. 北京：中华书局，1976：3034.
❸ 徐珂. 清稗类钞[M]. 北京：中华书局，1986：6146.
❹ 聂崇正. 故宫博物院藏文物珍品大系·清代宫廷绘画[M]. 上海：上海科学技术出版社，香港：商务印书馆，1999：147，图26.

图❶、郎世宁绘乾隆岁朝行乐图❷、佚名绘乾隆及妃古装像❸等。可见乾帝确实是"屡衣汉服"。

清代皇帝本人都难免汉俗之浸润和熏染，自然会引起臣下官民在感情上与行动上的巨大反响，以致诱发满人"下效"之举而争趋汉习，尤其是在满族妇女中这种仿效汉俗的风气更为强烈。以至于乾隆、嘉庆、道光等帝不得不多次下令予以禁止。嘉庆九年（1804年），嘉庆帝下谕："此次挑选秀女，衣袖宽大，竟如汉人装饰，竞尚奢华，所系甚重，着交该旗严行晓示禁止。"❹足见满仿汉服风气之盛。道光十九年，道光帝又降旨："朕因近来旗人妇女不遵定制，衣袖宽大，竟如汉人装饰。上年曾经特降谕旨，令八旗都统、副都统等严饬该管按户晓谕，随时详查。如有衣袖宽大，及如汉人缠足者，将家长指名参奏，照违制例治罪。"❺咸丰三年正月，内府堂谕：应选女子禁止穿时俗服饰，衣袖不得宽过六寸。曾任清政府御史的夏仁虎所作

《清宫词》载："六宫粉黛不轻施，宫里梳妆禁入时，昨日大堂严谕止，宽袍燕尾汉装衣。"❻正是清代宫廷女服仿汉装之风愈甚的一个侧面反映。这在故宫博物院藏清代晚期后妃便服实物中也可得到印证。

可见，汉族服饰文化对满族服饰影响十分巨大。可以说，若没有数千年深厚积淀的汉文化土壤，清代服饰文化之花在贫瘠荒原之上盛开的壮观景象是无法想象的。具体反映在清代宫廷服饰上，有以下几个方面继承和吸收了汉族传统服饰的特点。

在服装的形制上。中国古代，衣服的款式不外乎两种：一种是上衣与下裳分开为上下两截，衣是衣，裳是裳，各自独立地存在；另一种是上衣和下裳（严格意义应称为上身和下身）相连属为一体，如袍。清代皇帝的朝袍属于后者，但它与其他袍类在外观上又有显著的不同，通常的袍是从领到下摆为通身式，如龙袍。而朝袍却是在制作上分裁而合

❶ 聂崇正. 故宫博物院藏文物珍品大系·清代宫廷绘画[M]. 上海：上海科学技术出版社，香港：商务印书馆，1999：152，图30.

❷ 聂崇正. 故宫博物院藏文物珍品大系·清代宫廷绘画[M]. 上海：上海科学技术出版社，香港：商务印书馆，1999：153，图31.

❸ 聂崇正. 故宫博物院藏文物珍品大系·清代宫廷绘画[M]. 上海：上海科学技术出版社，香港：商务印书馆，1999：200，图45.

❹ 清仁宗睿皇帝实录，卷一百二十六（嘉庆九年二月）[C]//清实录，第29册. 北京：中华书局，1986.

❺ 清宣宗成皇帝实录，卷三百二十九（道光十九年十二月）[C]//清实录，第37册. 北京：中华书局，1986.

❻ 刘潞. 清宫词选[M]北京：紫禁城出版社，1985：58.

缝，在上身与下身之间的腰部设计出一道明显的分界线即腰帷。这样，本是上下连属的朝袍从外观上看，具有上衣与下裳分开为上下两截——既有上衣又有下裳的视觉效果。这种形式设计，在清代皇帝各类服装中是独一无二的，这也是朝袍与其他类服装相区别的一个最大特点。

那么，清代皇帝的朝袍为何如此设计呢？

中国古代衣服起源之时，上衣与下裳是分开的。《易·系辞下》说："黄帝、尧、舜垂衣裳而天下治，盖取诸乾坤。"乾指天，坤指地。天人对应，观象制物（包括观象制"服"），是中国传统文化精神及思维方式的一个重要特色。这种上衣下裳的形制，就是由于对天地的崇拜而产生并进而表现在服饰上的形制，寓有以服饰之象与天地之象相感应的寓意。《易·系辞上》又言："天尊地卑，乾坤定矣。卑高以陈，贵贱位矣。"以此表明人类社会森严的尊卑贵贱的等级秩序是遵循自然界本身固有的"天尊地卑"的法则确立的，因而是合理的。《易经》中的这些阐述表明，圣人黄帝、尧舜之所以能治理好天下，主要是因为他们统治有方，自上而下，等级分明，秩序井然，合乎天地之道。就像人们所穿的衣裳一样，上下不可颠倒，即衣为上，上为天，天则尊；裳为下，下为地，地则卑。推而论之，天子为上，庶民为下，因而说

天子和庶民的关系，就同衣和裳的关系一样，上下不可乱来无序，而如果做到了这样的"上下不乱"，则"民志定，天下治矣"。由此，中国历代皇帝在制定服饰制度时都承继了这种寓含统治等级秩序的上衣下裳之古制，清代皇帝朝袍的形制也未能例外。

同时，清代皇帝朝袍对这种上衣下裳之制也加以了改进，设计上可谓煞费苦心。试想，如果设计时把上衣与下裳分开，则显得褒衣博袖，宽松飘散，行动时多有不便，就与清统治者极为重视的满民族的适于骑射的紧身窄袖式的传统服饰习俗相悖。而若设计成通常的通身式袍式样，则又失去了汉族统治者数千年来采用上衣下裳式所寓含的封建等级秩序的深厚文化意蕴。清帝朝袍在形制设计上综合考虑了这两点，设计出这种上衣与下裳貌似分开而实际上相连属的形制。如此这般的设计，巧妙地将满汉服饰特点融为一体，做到了满汉兼顾。当然，这其中最重要的一点，是所有设计必须完全合乎统治者的意志，体现出统治者极为重视的对封建等级秩序的严格要求。

在服饰颜色上，清代服饰典制中规定明黄色只有帝、后才可享用，其他任何人不得僭越使用。实际上，这种尊崇黄色的做法是中国古代传统文化色彩观的一种反映。早在《周易》中，就有关于黄色为吉利之色的记载，如"黄裳，

元吉"❶。《汉书》也说："黄色，中之色，君之服也。"❷按我国传统的"五行"思想来解释，"五行"中的"金、木、水、火"分别代表"西、东、北、南"四方，"土"居中央，统率四方，而土色为黄。皇帝是中央集权的象征，把黄色用之于皇帝衣饰，则象征皇帝贵在有土，有土则有天下的至高无上的权威。因此，中国古代很多朝代都有以黄色为贵，自隋唐以后，黄色成为皇帝的御用色。

清代皇帝作为祭服使用的朝袍有明黄、蓝、红和月白四色，这也是中国古代传统文化色彩观的一种反映。因为天子是天下一统的象征，所以，代表天下各方的颜色，也要在天子的等级最高的礼服中体现出来。在中国古代，"万物有灵"是一个普遍存在的思想观念，天、地、日、月等被认为具有超自然的力量，而天时、地理、人事又有着必然的联系。人间天子与自然诸神有一种认同关系，因而在举行与自然诸神相沟通的祭祀活动时，其所穿祭服的颜色要求与祭祀对象相一致：冬至祭圜丘坛用蓝色以象天，夏至祭方泽坛用明黄色以象地，春分祭朝日坛用赤色以象日，秋分祭夕月坛用月白色以象月。这样，皇帝祭服的颜色与所祀对象的颜色取得了一致，其意在感应天人，使天、人之

间无阻绝，皇帝由此取得了神的特性和授意，达到了天人感应和天人合一的境界，从而在臣民心目中起到进一步强化了"君权神授"观念的作用。

在服饰花纹上，帝、后的礼服和吉服上大量装饰龙纹，其中皇帝的朝袍上就装饰龙纹达四十三条，龙纹也是中国古代帝王使用的一种专用花纹，表达的是"真龙天子"唯我独尊、至高无上的政治权威意义。皇帝龙袍上装饰龙纹九条，由于"九"之数在中国古代为阳数之最，是礼制等级中最高的一等，因此"九龙"也就成为皇帝的象征。《周易·乾》："用九，天下治也"。❸表明"九"之数为纯阳全盛，具有至高美德，用"九"则天下可政治安定。此外，这九条龙在全身的分布十分巧妙，由于肩上的两条龙从前后身均可看到，故穿上龙袍后无论从正面还是从背面看都是五条。这样，龙袍全身实际装饰的龙纹总数为九条，而在前后身的任何一个方向只能看到五条龙，龙纹数量巧妙地暗含了"九、五"之数，完全符合《周易》中天子为"九五之尊"的说法，以此借指帝王之位或为帝王的代称。

朝袍和龙袍的下摆，均饰山石宝物立于波涛翻滚的水浪之上，分别称"八宝平水"纹和"八宝立水"纹，寓含着四海之

❶ 孙振声. 易经今译[M]海口：海南人民出版社，1988：44.
❷ 班固. 律历志[C]//汉书，卷二一. 北京：中华书局，1962：959.
❸ 周易正义，卷一[C]//十三经注疏. 上海：上海古籍出版社，1997：16.

内"清平吉祥""江山永固""万世升平"等吉祥寓意。此外，皇帝的朝服和吉服上还装饰"十二章"，这也是中国古代帝王服装上的重要花纹图样，它被赋予了多种美好的象征性意义，以彰显天子道德智慧的完美无缺和政治权威的至高无上。

诸多这些纹样，显然都是受到了中华汉族传统文化的重要影响。对此，连严格强调"衣冠必不可轻言改易"的乾隆帝也不置可否："殊不知润色章身，即取其文，亦何必仅沿其式？如本朝所定朝祀之服，山龙藻火，灿然具列，悉皆义本礼经。"❶

 严勇　故宫博物院研究员

　　故宫博物院宫廷部副主任、故宫博物院学术委员会委员、中国文物学会纺织文物专业委员会秘书长、中国博物馆协会服装专业委员会理事会副会长。主要研究方向为清代宫廷服饰、中国古代织绣画艺术和明清织绣等。著有《故宫经典：清宫服饰图典》《天朝衣冠：故宫博物院藏清代宫廷服饰精品展》《清史图典：清朝通史图录（第二册）·顺治朝》等。

❶ 礼部·冠服[C]//大清会典事例，卷三二八．影印：光绪二十五年原刻本．台湾：新文丰出版公司印行，1976：9478．

八旗兵丁棉甲胄标本"号记"释读

【摘要】

八旗兵丁棉甲胄标本上所存留的各种"号记"均是清代阅甲制度达到巅峰时的信息。它所承载的满文信息是清代军队严明管理的物证史料；隐藏其中的苏州码说明了乾隆盛世商贸系统的兴旺发达；"杭州织造"墨迹章为考证棉甲成造历史与成造材质提供了重要线索，同时成为乾隆盛世生产力水平和戎武文化的生动实证。

【关键词】

清代　八旗兵丁　棉甲胄　号记

1950年代，在新中国文化建设中，国家倡导"百花齐放，百家争鸣"的文艺方针，对历史与传统文化提倡"古为今用"，故在经济尚处在百废待兴的建国初期，国家将北京故宫中一批数量庞大的文物下拨文艺单位作古装道具使用，其中一批印有清代"乾隆年制"墨迹章的八旗兵丁棉甲❶便划拨给了原中国人民解放军八一电影制片厂❷。这样就有机会与中国人民解放军八一电影制片厂合作，对这批清中期棉甲做深入研究（图1）。

一、八旗兵丁棉甲胄标本的满文信息

在信息采集过程中，发现棉甲胄标本尚存一些满文信息。对于一件文物而言，其所留存的文字信息越多，其研究价值就越大。为识别这些满文信息的含意，专门请台湾师范大学历史系满文专家叶高树教授释读，认为所记载的内容均为棉甲所有者的姓名、所属军旗、职位等军籍信息，清文献称号记、号布、号衣等，但均指军服，通过整

---

❶ 乾隆年间棉甲胄下拨文艺单位作古装道具，一方面说明这个时期的棉甲胄数量之多，另一方面说明已成系统。这就为本研究提供了一个重要线索，为什么在乾隆年间棉甲胄数量多且成系统？结合史料研究，正是揭示清王朝由盛转衰的重要实物证据，而隐藏在棉甲中物质文化的真实面貌也可由此浮出水面。

❷ 现更名为中国人民解放军文化艺术中心影视部。

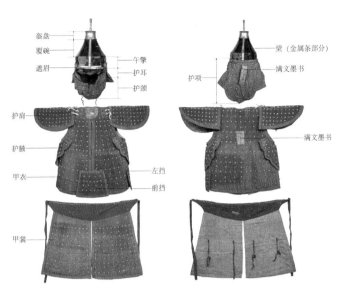

图1 八旗兵丁棉甲胄标本之一（镶蓝旗）

理棉甲标本的满文信息翻译对照如表1所示。

表1 棉甲标本的满文信息翻译对照表

标本满文信息				
位置	镶蓝旗甲衣后背中间偏上区域	镶蓝旗棉胄护颈中部偏上区域	正白旗棉胄用以承接盔缨的金属管	镶黄旗棉胄内侧
满文转写	kubuhe lamun i jang fung ging nirui uksin lai zu ujen coohai gusai	kubuhe lamun i gin guwang king nirui uksin gin ben yang ujen coohai gusai	gulu sanggiyan i ujen coohai gusai……bosoku sung lu	fuldun
释意	汉军镶蓝旗佐领江俊金（人名）下披甲李闰	汉军镶蓝旗佐领 gin guwang king（人名）下披甲金本洋	汉军正白旗……（模糊不清，难以辨认）领催 sung lu（人名）	富尔敦（人名）

结合文献研究考证这些满文信息，它们不仅记录着清朝对于八旗甲胄的严格管理制度，还承载了清朝武备典制发展的历史信息。早在崇德❶三年（1638年）清兵入关以前就定有军律：军事盔甲后及甲背，俱书号记，无盔甲者，衣帽后亦书号记❷。在《钦定大清会典则例》中也记载有"定八旗甲背盔缨皆用旗色号带上书衔名，文武官弁皆同❸。"可见使用兵丁所属旗色的上浆布帛"番号"，在棉甲后背与棉胄盔缨处记载军籍信息早成八旗传统，入关后立大清典制，这一记载与标本上的满文信息所缝缀的位置完全吻合，进一步证实此批棉甲的史料价值。在兵卒制服上"书记名号"即为"号记"，以布帛为之，或圆或方，缝缀于前胸后背，上书布帛番号❹。

在军服上标注所有者信息也是军事管理经验的产物。圣祖康熙皇帝曾御驾亲征，以生死心得渐成兵服制："如衣服器械有异，即行擒挐……对敌列阵时，主将必度地据险，寇或布野，或结骆驼鹿角为营，我军分列行阵。指明某队某旗，当击敌阵某处，战时鸣角进兵，毕仍鸣角收兵。官兵或弃其部伍，混入他人部伍，或

轶出本阵，往附他人尾后，或逡巡观望逗留不进，照所范轻重，正法、籍没、鞭责、革职❺。"由此可见，号记可起到约束士兵行为、便于战后赏罚问责的作用，更利于军队的管理，棉甲号记便成生动实证。

二、八旗兵丁棉甲与苏州码

在信息采集过程中惊喜地发现，"号记"并非史料记载的单一兵制信息，还有兵服商贸、成造信息。在制作八旗兵丁棉甲面料、里料的内侧书写有一些奇怪的符号，且此类情况不止一例，故绝非偶然。通过查阅相关史料得知这些号记被称为"苏州码"，亦称"草码""花码""番仔码"等，产生于苏州，是中国早期民间的"商贸数字"。它脱胎于历史上的算筹，相当于汉字的阿拉伯数字，主要用途是商贸速记，曾一度广泛应用于政治、经济、军事的商贸活动，如今较为罕见。苏州码是中华数字文化演变的产物，是阿拉伯数字在中华大地广泛使用前的一种简便快捷的交易数码。它

❶ 崇德：清太宗爱新觉罗皇太极的第二个年号，清朝使用这个年号共八年。

❷ 胡建中. 清宫武备图典[M]. 北京：故宫出版社，2014：82.

❸ 钦定大清会典则例. 第174卷[M]. 北京：全国图书馆文献缩微中心，2005：54.

❹ 周汛. 中国衣冠服饰大辞典[M]. 上海：上海辞书出版社，1996：175.

❺ 马齐，朱轼. 清实录·圣祖仁皇帝实录·第169卷[M]. 北京：中华书局，1986.

比汉语大写数字更为简便，故能长时间在民间流行。后随着阿拉伯数字普遍使用，苏州码逐步退出历史舞台。它是我国晚清民间在生产劳作、经济活动中总结出来的智慧财富，故需被铭记，它产

生的年代和近代的经济示意还值得研究。若非在八一电影制片厂中还保留着这些棉甲标本，隐藏于内侧的这些苏州码也许永远无法重见天日（表2）。

苏州码的表示方法，需要特别注意的

表2　苏州码表示数字的对照表

阿拉伯数字	汉字大写	苏州码	阿拉伯数字	汉字大写	苏州码
1	壹	〡	8	捌	亖
2	贰	〢	9	玖	文
3	叁	〣	10	拾	十
4	肆	〤	20	贰拾	廿
5	伍	〥	30	叁拾	卅
6	陆	〦	40	肆拾	卌
7	柒	亠	21	贰拾壹	〢一

是，当苏州码〡、〢、〣……位数组合遇到并列时，为避免数字连写混淆，可将偶数位写作横式。如〡、〢、〣、〣、〢、〡，可写成〡、二、〣、三、〢、一。如此一来，标本中所写苏州码可释读为"国320"（国〣廿）、"国159"（国〡〥文）、"国314"（国〣〡〤）、"461邵"（〤亠〡邵）、"龙191"（龙〡文〡）。其中苏州码中的汉字"国""邵""龙"的含意尚有待考证，可以肯定的是，它与原指的布料贸易是有区别的。通过观察发现这些符号隐藏于棉甲面料内侧或里料内侧的边缘处，这说明制作棉甲的工匠并不想让这些符号露在外侧被看见，但由于生产需要又不得

不写，故标注于缝份附近便于查验校对时翻看。关于此批棉甲的制作流程已无从考证，这些苏州码的含义也未记载于史料，但它的使用一定是可以为贸易、成造过程提供贸易过程信息和管理的便捷。关于苏州码在军事上的应用，在北洋政府兵士左边领章上就曾写有苏州码，用来表明兵士的军号或服属[1]。据此推断，八旗兵丁棉甲上标注的苏州码很有可能也是用来表明八旗兵丁的服属。在古代军服的生产环节中每个裁片需要手工裁剪缝制，虽形状相同，尺寸却小有差异，但工匠若将每一个布片用棉甲所属者的军号加以标注，即可做到量体裁衣，也可使面与里两两相对，

---

[1] 服属：苏州码是布匹贸易的信息，布匹的价格、品质、产地等也就通过苏州码反映出来，这个信息也就决定了军服所属的品级。

严丝合缝，不致混淆，而大大提高棉甲生产的质量与规模。棉甲标本苏州码与满文军籍信息，一个是在生产过程中起到便于精准制作和批量生产的作用，另一个是在军队管理过程中起到明辨旗属，赏罚分明的作用，这两个细节均揭示了乾隆棉甲成造的标准化与大阅文化的繁荣（图2）。

三、八旗兵丁棉甲的成造与"杭州织造"

今承前制不仅是清王朝的国策，也是历代王权的通例，何况清朝又是少数民族政权，基于统治的需要服饰规制对汉文化的继承是显而易见的，戎装更不例外，清棉甲继承明制也是历史的必然。在明代李盘所著的《金汤借箸十二筹》中，详细记述的棉甲制造方法可获献证："绵甲，绵花七斤用布盛如夹袄，麤❶线逐行横直缝紧，入水浸透，取起铺地，用脚踹实，以不胖胀为度。晒干收用见雨不重，徽顝❷不烂，鸟铳❸不能伤❹。"对比乾隆八旗棉甲的材质和工艺，与明代的文献记载相符，证明清代棉甲与明代棉甲确有明显的传承性。

除此之外，八旗棉甲的形制还具有鲜明的满族游猎文化特色。根据《皇朝礼器图式》武备卷中的记载："谨按乾隆二十一年，钦定骁骑棉甲绸表各如其色，蓝布裹缘如胄制，中敷棉，外布白铜钉，上衣下裳护肩护腋前挡左挡全❺。"棉甲采用上衣下裳分体式，这种制式具有典型的游牧民族特色。早在战国时期，赵武灵王为提高军队战斗力，效仿北方胡人的上下分体式窄袖短袍，胡服骑射的改革大大提升了赵

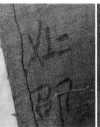

图2 棉甲标本里布内侧的苏州码

---

❶ 麤：汉字"粗"的异体字，麤线即粗线。

❷ 徽顝："徽"通"霉"，发霉，霉变之意。"顝"，"黑色"之意。

❸ 鸟铳：明清时期对火绳枪的称呼。

❹ 李盘，周鉴，韩霖. 金汤借箸十二筹·第十六卷[M]. 北京：全国图书馆文献缩微复制中心，2001：63-64.

❺ 允禄，蒋溥，等. 皇朝礼器图式·第十三卷[M]. 北京：哈佛大学燕京学社中日图书馆，1959.

国军队的战斗力，使赵国迅速成为战国七雄之一。满族入关后，清代统治者十分注重对民族尚武文化的传承，故遵循民族服饰传统，将棉甲设立为上衣下裳制，暗含皇帝希望八旗军队保持满族骑射传统，勿致武备废弛的希冀。

清代的大阅甲内侧起初缀有层层压叠排列的金属甲片，后乾隆皇帝基于"铁叶甲亦仅军容而已，至于临阵不甚裨益，宜通融办理，不致苦累兵丁❶"的考虑，于乾隆二十一年亲自下令，将部分兵丁铁甲改造为棉甲。后为整肃八旗军容，于乾隆二十二年正月与军机大臣议奏："盛京等十处驻防兵丁添造绵甲一万七千八百件……随将应造绵甲令其照，依其式成造外，其锭钉盔甲绘书纸样，交发三处织造各成造一分，遣送来京俟呈览后再行如式成造。"由此可知，八旗棉甲样式是由内务府画师设计，再交发苏州、杭州、江宁三处织造局制作样衣，皇帝批准后方能批量制作。改造后的棉甲更具礼仪性而乏实战性，这也是因为康乾盛世，天下太平，少有战事纷争，加之作战方式逐渐由冷兵器转为火器，无须再穿用沉重的铁甲，因此礼仪规制便成为棉甲形制的主要功能。而专门为大阅典礼斥巨资来制作兵丁棉甲，在清代

惟乾隆一朝，足见乾隆盛世的繁荣富庶。然而，真正实施成造棉甲的流向❷并不明确，更无制造棉甲的技术、工艺的相关信息，标本研究确有重要发现。

棉甲胄标本内侧均印有"杭州织造监制"墨迹章，无疑它们是杭州织造局所制。"杭州织造"是清鼎盛官营丝织官署江南三织造之一。明清时期，江南地区作为最重要的丝绸生产基地，为满足皇家日常用度以及赏赐需要而提供大量的上乘丝织品。明朝主要由设立在南京的织染局、神钹堂、供应机房和在苏州、杭州等地设立的织染局共同承担。清朝入关后，在继承明制的基础上更加完善，杭州织造局便是于顺治初年在明代杭州织造局旧址上重建。其建立之初的发展并非一帆风顺，由于当时江南地区动乱不断，杭州织造局先后历经了设罢，罢复的过程。直到康熙二十年清政府平定三藩叛乱，使江南地区政治稳定，杭州织造局才进入历史上的黄金期，由一个经济区域逐渐演变为参与国运政治的官造机构，它和苏州织造、江宁织造合称"三织造"。故标本附载"乾隆二十九年等杭州织造第一次监制"的号记信息，不仅说明八旗棉甲的成造是以物质形象

---

❶ 故宫博物院.钦定内务府则例二种（第五册）[M].海口：海南出版社，2000：81.
❷ 流向：流向主要是织造局，但并不明确，根据史料记载，三织造各有优势特色而各有分工，清史界的重点多在宫廷皇室御用品上，武备的兵丁棉甲成造更无重点研究课题。而就乾隆大阅文化的繁荣而言，并非如此，从乾隆八旗兵丁棉甲标本的研究得到证明。

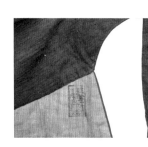

图3 八旗兵丁棉甲中"杭州织造监制"的墨迹章

复现盛世江南物产的富庶，它还为我们呈现了乾隆盛世"国之大事，在祀与戎"❶制度生态的物化样貌（图3）。

在八旗军队森严的封建等级制度中，兵丁棉甲属八旗下级兵部穿戴的兵甲，因其人员众多，所需各项物料十分庞大，故由三织造局合力完成。据文献记载三织造局先后于乾隆二十二年奉旨造办棉甲20000件，大阅后添设棉甲18080件，盛京等十处驻防营添设棉甲17800件，共计55880件❷。如此庞大的数量对于尚处农业手工业生产方式的社会而言需耗费巨大的人力物力与工时。而这对于在乾隆盛世年间地处物产丰饶织造工匠聚集的杭州织造局来讲并不成问题。在《杭州府志风俗物产单行本》中详细记载了浙江地区丰富的物产情况，成造棉甲胄所需的纺绸、棉布、靛蓝染料、丝绵、帽缨、铜、金、漆

表3　成造八旗棉甲胄"杭州织造"分料记述

材料	文献记述（《杭州府志风俗物产单行本》）	用途
靛蓝	靛，即蓝也。于地窖中野水浸一宿，用石灰搅之千转，澄去水干收。用染青碧其浮沫，掠去阴干，谓之靛花即土青黛	棉甲里料须经靛蓝染色
棉布	於潜俗出好布……木棉结实，吐棉纺以为布，本地所出者粗	棉甲里料
纺绸	杭绸有一等级轻者用湖水漂净宜染色。散丝而织者曰水绸，纺丝而织者曰纺绸，俗名杭纺织	棉甲面料
丝绵	钱塘、仁和、余杭……以同宫茧与出蛾之茧不任缲丝者，涑为绵，以余杭所出为佳	棉甲絮料
帽缨	杭州帽缨较胜他处，绒丝等皆杭州之专产。帽缨以丝线捻成，有六合扛及文珠等名，俗总名曰帽纬……货之四方杭州为上	棉胄缨枪
铜	余杭有铜，相传余杭舟枕山唐文明元年有得铜矿	泡铜钉
金	栗山西有金姥山，故老言古于此采金	铜钉表面鎏金
漆	浙中出一种漆树，似榎而大，六月取汁，漆物黄泽如金，即唐书所谓黄漆者也	棉胄表面髹漆

❶ 杨伯骏. 春秋左传注[M]. 北京：中华书局，1981：860-861.

❷ 故宫博物院. 钦定内务府则例二种（第五册）[M]. 海口：海南出版社，2002：81.

皆产自浙江，很大程度上为杭州织造局生产八旗兵丁棉甲胄提供物质和技术保障，又反映出乾隆盛世江南地区物产丰饶，社会生产力水平兴旺发达❶（表3）。

为进一步验证制作棉甲的物料质量，将棉甲中间的絮料置于显微镜下观察，放大后的棉絮颜色纯白，有丝的光泽，匀称不结块，且手感细腻柔软，鉴定为丝绵。据《光绪杭州府志》记载，"钱塘、仁和、余杭……以同宫茧与出蛾之茧不任缲丝者，涷为绵，以余杭所出为佳❷。"又《嘉庆余杭县志》记载，余杭狮子池"以其水缲丝（含制绵）最白，且质重云❸"。都证实了杭州地区丝绵的品质与名气（图4）。

"千里迢迢来杭州，半为西湖半为绸"，杭州自古以来以盛产质量上乘且产量巨大的丝绸而闻名天下，八旗兵丁棉甲大量使用的丝绵物料产自"杭州织造"自成必然。通过对棉甲胄标本建立织物组织放大图表可以清晰地看到棉甲面料为平纹组织，经纬不加捻，绸面较平挺，质薄而坚韧，为典型的杭州纺

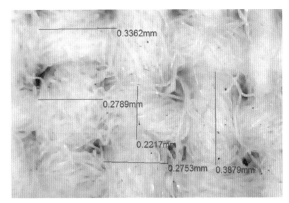

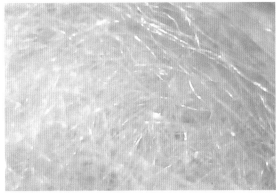

图4 棉甲标本填充丝绵显微镜图像

绸，故名杭纺，里料则为粗纤维的棉布。棉甲标本自"乾隆二十九年制"距今已有两百五十多年，依然光泽依旧，平整如新，可见杭州织造局所产杭纺质量上乘经得起岁月磨洗。故杭州织造局便成为三处织造局中最适合大批量生产八旗兵丁棉甲的宝地。可见"八旗棉甲"和"杭州织造"两种信息的组合便成为乾隆盛世的时代物证❹（表4、表5）。

❶ 陈璚. 杭州府志风俗物产单行本. 第二、四卷[M]. 北京：国家图书馆，1924.

❷ 杭州市政府地方志编委会. 光绪杭州府志. 第八十卷[M]. 北京：中华书局，2008.

❸ 杭州市政府余杭区地方志编委会. 嘉庆余杭县志. 第三十八卷[M]. 浙江：浙江古籍出版社，2012.

❹ 郑宇婷，刘瑞璞. "杭州织造"乾隆八旗棉甲的规制与成造[M]. 丝绸，浙江理工大学，2018：76.

表4 棉甲标本织物组织对应部位放大图

标本名称	所在位置			
正白旗棉甲	面料	里料	滚边	系襻
正蓝旗棉甲	面料	里料	滚边	系襻
镶白旗棉甲	面料	里料	滚边	系襻
镶蓝旗棉甲	面料	里料	滚边	系襻

表5　棉胄标本织物组织对应部位放大图

标本名称	所在位置			
镶黄旗棉胄	面料	里料	滚边	系襻
镶蓝旗棉胄	面料	里料	滚边	系襻
正白旗棉胄	面料	里料	滚边	系襻
校尉棉胄	面料	里料	滚边	系襻

四、结语

无论是满文信息、苏州码还是"杭州织造"的墨迹章，八旗兵丁棉甲胄标本上所存留的各种"号记"信息均是清代阅甲制度达到巅峰的实证。它所承载的满文信息是清代军队严明管理的物证史料；隐藏其中的苏州码说明了乾隆盛世商贸系统的兴旺发达；"杭州织造"墨迹章为考证棉甲成造历史与成造材质提供了重要线索，同时成为乾隆盛世生产力水平和戎武文化的生动物证。而斥巨资举国力去造办仅于大阅典礼穿着一时的礼仪戎装，也表现出乾隆皇帝的好大喜功，是进入奢靡浮夸阶段的历史见证，亦从物质文化揭示了大清王朝由盛转衰的历史命运。

作者简介

刘瑞璞　北京服装学院教授

北京服装学院博士研究生导师，艺术学学术带头人。我国传统服饰结构考据学派的领军人物，著有《中华民族服饰结构图考：汉族编/少数民族编》《古典华服结构研究：清末民初典型袍服结构考据》《清古典袍服结构与纹章规制研究》等。

郑宇婷　东华大学在读博士

北京服装学院硕士，米兰理工大学设计学院交流生，台湾师范大学艺术史研究所交换生。主要研究方向，清代服饰文化，著有论文《"杭州织造"乾隆八旗棉甲的规制与成造》等。

服饰史记

旗袍的三个分期是正

【摘要】

从历史学的观点看，单纯以"旗袍"诠释"古典旗袍""改良旗袍"和"定型旗袍"三个分期需要史料、文献和实物的考证，特别是技术文献和实物证据。尤其是当旗袍发展史中最重要的一次变革发生，即20世纪50年代末期受西方"个性解放"思潮和立体裁剪技术的影响，发展为一个"洋为中用"的改良旗袍（民间亦称"海派旗袍"）之后，其形制结构较古典袍服发生了颠覆性的改变，使命名问题就显得迫在眉睫，在学术上对命名的探究意味着旗袍发展的三个历史分期的完整，而以正名事件为标志的第三个分期发生在台湾。

【关键词】

旗袍　三个分期　改良旗袍　"祺袍"

一、旗袍三个分期的时间节点

根据不同时期旗袍标本的研究结合技术文献的系统整理，可以得到旗袍三个分期的确凿证据，其中结构形态是重要指标：20世纪30年代以前的旗袍基本维持清朝袍服"十字型平面结构"的中华系统，社会大众对其名称沿用旧制并无太多质疑，此称旗袍的古典时期。30年代以后，随着西风东渐带来了旗袍结构的改良，与清末民初"古典袍服"在结构、形制、工艺等方面产生了很大差异，但并没有脱离连身连袖的"十字型平面结构"中华系统，只是在侧缝强调了女性人体的曲线，可谓"十字型平面曲线结构"，也正因如此出现了当时文化界和制衣业为主导的旗袍易名现象，此为旗袍的改良时期，史称改良旗袍。随着中华人民共和国的建立，旗袍结构的变革并没有停止，且发生在香港和台湾地区，推动旗袍变革并定型的最后舞台由大陆转向港台地区。值得研究的是，这个时期旗袍结构的变革是颠覆性的，即从连身连袖无省的"十字型平面结构"变成了"分身分袖施省"的立体结构，这是引发"正名"的学理根源，"祺袍正名"在台湾地区，这种结构形制随后也为整个华人社会所接受，特别是中国大陆开放后，经济崛起，也为越来越多的女性喜爱穿着。故此旗袍定型的这段历史，更不能忽视的是，台湾和香港地区一直延续着旗袍的传统和礼制，而"祺袍正名"事件则使得更加完整和真实。

二、古典旗袍从"盘领斜襟"到"圆领大襟"

中国汉族古代袍服上至先秦下至明清都没有脱离"十字型平面结构"中华系统，普遍采用右衽大襟形制❶。先秦典籍《论语·宪问》对袍服衽式有所记录，孔子曰："微管仲，吾其被发左衽矣"❷意思是说如果没有管仲，我们恐怕要披头散发穿左衽的衣服了。这段话记录了管仲辅佐齐桓公"尊王攘夷"❸的故事。这里的"夷"是指当时中原以东北部地区的夷人部族，其后泛指汉族以外的其他民族，包括南蛮、北狄、西戎和东夷❹。多数情况下，蛮夷戎狄统称蛮夷或四夷，其人衣左衽，与汉族服装右衽形制相悖，以此标识汉制的正统。

汉族袍服的特点是"交领右衽"，还有一个汉夷区别的特征是，北朝以前普遍

袖身宽博呈"壶"形，也称"鱼肚"形，而且在历代汉族统治的王朝中，袖壶的大小标志着礼仪等级的高低，特别在唐、宋、明三朝以此明示官服礼制，可谓追求汉制的宽袍大袖达到极致（图1）。北朝以

素纱圆领单衫（南宋）
来源：江苏金坛周瑀墓出土

蓝罗盘金绣蟒袍（明）
来源：山东省博物馆藏

图1 古代汉制袍服以交领、盘领右衽和袖壶为典型

---

❶ 刘瑞璞，陈静洁. 中华民族服饰结构图考（汉族编）[M]. 北京：中国纺织出版社，2013.

❷ 本篇出自《论语·宪问》，共计44章。其中著名文句有："见危授命，见利思义""君子上达，小人下达""古之学者为己，今之学者为人""不在其位，不谋其政"等；主要简述了作为君子必须具备的某些品德、孔子对当时社会上的各种现象所发表的评论以及"见利思义"的义利观等内容。"被发左衽"是指长城外游牧的戎、狄和南方的蛮夷族装束，区别于汉的束发右衽。

❸ "尊王"，即尊崇周王的权力，维护周王朝的宗法制度。"攘夷"，即对游牧于长城外的戎、狄和南方楚国对中原诸侯的侵扰进行抵御。

❹ 据《礼记·王制》记载：东方曰夷，被发文皮，有不火食者矣。南方曰蛮，雕题交趾，有不火食者矣。西方曰戎被发衣皮，有不粒食者矣。北方曰狄，衣羽毛穴居，有不粒食者矣。中国、夷、蛮、戎、狄，皆有安居、和味、宜服、利用、备器，五方之民，言语不通，嗜欲不同.

后逐渐吸纳胡❶服特征，出现了袖口逐渐窄化、衣长缩短、有立领的"盘领斜襟"袍，形成了一体多元民族融合的格局。这一现象在北宋沈括的《梦溪笔谈》中有所记录："中国衣冠，自北齐以来，乃全用胡服。窄袖绯绿，短衣，长靿靴，有蹀躞带，皆胡服也。窄袖利于驰射，短衣长靿，皆便于涉草……❷"

此外诸如《朱子语录》等文献也有类似说法❸。可见袍服形制所包含的深刻多元的信息表现了强烈的民族认同性，今天旗袍的圆领右衽大襟就是这种基因继承中一步步走来的。可以说清末民初旗袍的产生又是一次民族融合的结晶，不同的是，西方现代文明的加入成为中华民族返本开新意识的一个创举。

所谓"盘领斜襟"实际上就是衣襟自前中线起沿领口盘绕向右上，直达肩颈点位置的盘状结构，并设系带或纽扣固定，呈上曲下直通襟向下过胸、腰、腹直达下摆取齐。汉族袍服右衽"盘领斜襟"的形

制于北齐初现，兴于唐，据史料显示至少在宋代便形成了袍服"盘领斜襟"与"交领右衽"并行不悖的双轨制格局，且有尊卑礼教规制。2016年黄岩南宋赵伯澐墓出土的8套服装中，由内至外同时穿着了5件交领右衽衣和2件右衽盘领斜襟衣（图2）。此后，内衣交领和外衣盘领的组配逐渐成为定制一直沿用到明末，且在明朝鼎盛期成为官吏士绅的制服，对后世影响深远，甚至在古典戏剧中，不分朝代通用"盘领斜襟"为官角戏装。交领右衽中单为内衣，盘领斜襟袍为外衣，无疑旗袍忠实地继承了盘领斜襟袍外尊内卑的这种古老而优雅的中华传统（图3）。

清朝入关后，并没有直接沿用"交领右衽"和右衽"盘领斜襟"的任何一种形制，而是取二者之精华发展出一种全新的"圆领右衽"式。该形制不论领型还是衽式在女真族历史中并没有相关的记载，应为在"盘领斜襟"汉俗的基础上适时创制。

黑龙江省哈尔滨市阿城区亚沟以东

---

❶ "胡"原本是秦汉时期北方游牧民族匈奴的自称。据《汉书·匈奴传》记载《单于遣使遗汉书》云："南有大汉，北有强胡。胡者，天之骄子也，不为小礼以自烦。"后来成为汉人对中国北方和西方（主要为蒙古高原和新疆中亚等地）外族或外国人的泛称。先秦时期中国将北方游牧部族称为北狄，后来狄人逐渐被汉族和蒙古高原崛起的胡人所同化。胡人原指秦汉时期的北方游牧民族匈奴，匈奴西迁后蒙古高原又相继崛起了鲜卑、突厥、蒙古、契丹等游牧民族。

❷ 《梦溪笔谈》是北宋科学家、政治家沈括（1031—1095）所撰写的一部涉及古代中国自然科学、工艺技术及社会历史现象的综合性笔记体著作。该书在国际亦受重视，英国科学史家李约瑟评价为"中国科学史上的里程碑"。

❸ 据《朱子语类·礼·杂仪》记："今世之服，大抵皆胡服，如上领衫、靴、鞋之属。先王冠服，扫地尽矣。中国衣冠之乱，自晋五胡，后来遂相承袭，唐接隋，隋接周，周接元魏，大抵皆胡服。"

5公里的石人山峭壁之上，距今已有
七八百年的金代早期石刻中出现的金
人武士形象，其领型与衽式均为典型
的右衽"盘领斜襟"（图4），这与其
说是满族先祖创制不如说是满汉交流
的产物，因为早在大宋王朝就成汉统。
明崇祯九年（1636年）初版《满洲实
录》中记录的明万历二十七年（1599
年）正月东海❸渥集部虎尔哈路路长
"王格张格来贡图"及明万历四十四年
（1616年）努尔哈赤在赫图阿拉❹建立
后金盛况的"太祖建元即位图"❺等图
像史料中，努尔哈赤均穿着了一种从
"盘领斜襟"到"圆领大襟"的过渡形
式，这一情况不仅在图像史料中有所
体现，而且有传世实物可以佐证（图5）。
故此可以推断，清代袍服"圆领大襟"

盘领素罗大袖衫　　　　　盘领斜襟结构局部

图2 黄岩南宋赵伯澐墓出土盘领素罗大袖衫
中国丝绸博物馆藏

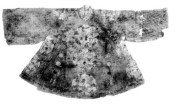

《神宗显皇帝像》外盘　　定陵（神宗陵墓）出土衮服❷
领衮服内着中单❶　　　　定陵博物馆藏

中单（明）结构与皇帝中单相同，唯制式不同　孔府旧藏

图3 明万历皇帝外盘领袍内中单组成为官服的基本规制影
响后世

---

❶ 据洪武十六年《大明会典》记载：中单，素
纱为之，青缘领，织黻文十二。

❷ 衮服，简称"衮"，古代皇帝及上公的礼服。
杨金鼎. 中国文化史词典[M]. 杭州：浙江古籍
出版社，1987：162.

❸ 东海女真是女真三大部之一，又称野人女
真。主要指分布在"极东""远甚"，即今黑龙
江以北和乌苏里江以东地区的女真人。王格、
张格归附象征努尔哈赤取得了东海女真的控制
权，代表着女真三部的统一。

❹ 赫图阿拉古城（现辽宁省抚顺市新宾满族自
治县）明万历四十四年（1616年）正月初一努
尔哈赤于此"登基称汗"，建立了大金政权，史
称后金。后金天聪八年（1634年），被皇太极尊
称为"天眷兴京"。

❺ 该事件发生于公元1616年，后金天聪元年。

图4 亚沟摩崖石刻金人武士形象袍服为汉制盘领斜襟袍
哈尔滨阿城亚沟摩崖石刻图像

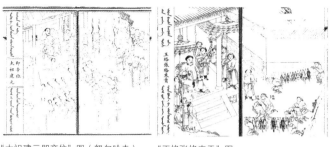

"太祖建元即帝位"图（努尔哈赤）　　　　"王格张格来贡"图

图5《清实录》记录官袍从"盘领斜襟"到"圆领大襟"的过渡形式　《清实录·满洲实录·卷四》（影印本）

满族蓝色妆花缎龙纹交领右衽　汉族石青柿蒂飞蟒纹膝襕交领右衽蟒袍（明末）
龙袍（明末）

图6 明末满汉袍服的领型衽式一致袖型图案风格不同　李雨来藏

云纹暗花缎狮豸胸背盘领缺角袍（明末）　　　圆领大襟红地妆花缎大龙纹袍
（清初）

图7 明末清初"盘领斜襟"与"圆领大襟"的传承性　李雨来藏

形制是在这一时期开始形成的。

　　北京清代宫廷服饰收藏家李雨来先生收藏的明末清初袍服实物标本证明了上述推断。其明末清初藏品有满袍和汉袍两式，从袖型与图案装饰手法分析，两制式有明显不同，但右衽交领是相同的（图6）。另一件标本为明晚期典型的"盘领斜襟"官袍，其特点在盘领位置有宽贴边外露，与"太祖建元即位图"中所绘形制如出一辙，应为"圆领

大襟"过渡的形制，是清朝入关前的典型，和清早期袍服形制的区别，从盘领变成圆领，斜襟变成大襟；袖壶消失了出现了马蹄袖。相同的是它们的领襟都有明贴边，这可以说是古典旗袍华美缘饰的前身（图7）。

　　乾隆朝以后，清代袍服的形制以立法的形式确定下来，根据《皇朝礼器图式》《清会典》等官方文献中描绘的定制"圆领大襟衽"袍与实物相互印证，可以得到准确的释读：在领口前中位置设立第一颗纽扣，将明制"盘领斜襟"位于肩颈点的纽扣向下移至右前身与前颈点平行位置出方襟为第二粒纽扣，然后呈斜弧线向右下延伸至与胸线相齐位置的侧缝设第三粒扣（接近右前身腋下位置），并根据服装款式不同依次沿侧缝线设三至四颗纽扣。这种"圆领大襟"成为整个清朝袍服的基本形制，乾隆朝定制直到清王朝灭亡也没有改变，也成为古典旗袍所继承的标志形

"圆领大襟"早期形制石青色缎金龙纹龙袍（清早期）李雨来藏

"圆领大襟"定型期月白缂丝云龙纹单朝袍（清乾隆）故宫博物院藏

《皇朝礼器图式》中记载朝袍的"圆领大襟"形制（乾隆二十七年）阿尔伯塔大学博物馆藏

图8 乾隆定制前后"圆领大襟"形制对比

明黄色缎绣栀子花蝶子花蝶夹衬衣（清光绪）故宫博物院藏　　蓝色棉布倒大袖旗袍（民国初年）隐尘居藏

图9 清末民初古典旗袍"圆领大襟"成为国服旗袍亘古不变的基因

制，而且经过改良旗袍和定型旗袍三个分期的嬗变过程它仍然没有改变，而成为旗袍形制的中华基因（图8）。

诚然，古典旗袍"圆领大襟"的形制是从古代汉制袍服的"交领右衽"和"盘领斜襟"进行"满化"继承下来的（图9）。其形成时间为后金时期，经历了一定时间的过渡直至清朝入关近百年之后的乾隆朝，圆领大襟袍才最终确定下来，并一直沿用至清末民初。

民国初年形成的旗袍延续了满族先人这种创制经典，尽管旗袍在结构上经历了改良、变革的三个不同时期，但"圆领大襟"仍然得到坚守，不仅如此，在结构方面从古典旗袍的有中缝到改良旗袍、定型旗袍的无中缝，像是"丢掉了锁链赢得了世界"[1]，而这一"舍"正是诠释了古老而朴素的中华精神"俭以养德"（图10）。

---

[1]《共产党宣言》：让统治阶级在共产主义革命面前发抖吧。无产者在这个革命中失去的只是锁链。他们获得的将是整个世界。中共中央马克思恩格斯列宁斯大林著作编译局. 马克思恩格斯文集（第二卷）[M]. 北京：人民出版社，2009：66.

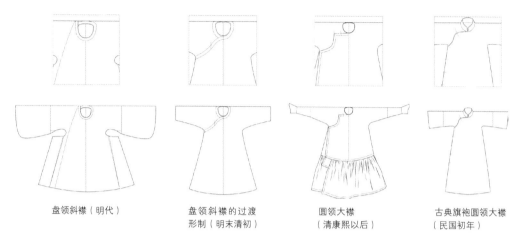

盘领斜襟（明代）　　　　　盘领斜襟的过渡　　　　　圆领大襟　　　　　古典旗袍圆领大襟
　　　　　　　　　　　　　形制（明末清初）　　　　（清康熙以后）　　　（民国初年）

图10 从盘领斜襟到圆领大襟形制的流变

三、改良旗袍与红帮裁缝技术理论的贡献

　　旗袍自20世纪20年代初兴以来，形制一直保持着古典旗袍"圆领大襟"的传统。但在结构上发生着深刻的变革，一百多年来学界虽有共识但皆无证据，只是通过各种文献、图像史料做外观上的判断：20世纪30年代旗袍结构开始从平面向立体改良。然而，这个过程经历了近半个世纪，改良的时间节点、技术要素、物理形态等这些科技史的实物、技艺考证被忽视了，其中的关键是反映当时旗袍结构形态的技术性文献，因为只有它才能真实客观和准确地记录旗袍技术要素、物理形态，通过结构的形成、改变和定型所反映的时间节点、演进痕迹，作为旗袍分期的实物证据可谓铁证，改良旗袍作为古典旗袍到定型旗袍的过渡形态大为重要。以20世纪30年代的技术文献《裁缝手艺 第二卷》中所记载"绲边短袖女夹袍"为例，此时的旗袍开始逐渐摆脱古典旗袍所受布幅的制约，前后中不再破缝，出现了"侧缝收腰直摆结构"（图11）。这类当时具有时装属性的旗袍，成为旗袍结构从平面向立体过渡演化的依据，这种技术文献在旗袍发展史中具有里程碑式的意义。值得注意的是，改良旗袍发端于以上海为首的南方都市，它们也有相关技术文献❶出现，通过比较研究其结构形态、技术流程完全一致。故以此为坐标"侧缝收腰直摆无破缝"改良旗袍发生在20世纪30年代的判断

❶　宣元锦等编绘. 衣的制法（五）旗袍[J]. 上海：机联会刊，1937，（166）：19-21.

是可靠的，且不分地域在中国的南方、北方均已成流行。

旧时裁缝派系也是在这个时期形成的，改良旗袍便是其中重要一支海派的标志性成果。裁缝派系分为本帮裁缝❶和红帮裁缝❷，依据裁剪方法不同，又分为大裁❸、国裁❹、洋裁❺、和裁❻等。在旗袍改良的过程中，红帮裁缝作为旗袍形制与结构革新发展的推手，逐渐成为业界的主流，对旗袍向立体方向进行改良，其重要贡献就是"保持完整布幅的裁剪设计与工艺处理"，创造了一个时代的名词，"独幅旗袍料"❼就是专指改良旗袍。

20世纪20年代至40年代末，红帮洋裁被视为海派，一直到1949年以后对台湾、香港地区都产生着深远的影响。事实上海派是在本帮裁缝的基础上引入、融合西洋裁剪技术和观念所创立的全新流派，并逐渐取代了本帮裁缝成为主流，它的标志性作品就是"海派旗袍"。海派艺人意在开始使用全新的西洋立体裁剪，但正处

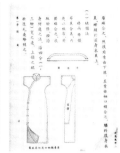

图11《裁缝手艺》（1938年）记录改良旗袍结构最早的技术文献

开蒙，考虑国人的接受度，没有从根本上颠覆传统。所以说海派旗袍在整个民国时期始终跟随着社会的接受度在"被动"地不断改良，因此这一时期也被定义为"旗袍定型"的过渡期。这种观点最主要的证据在于，此时旗袍的结构形态并没有"彻底"摆脱古典旗袍"连身连袖十字型平面结构"的袍服系统，只是为保持完整布幅创造了全新的"挖大襟"技术并伴随着侧缝腰身和收摆处理，也是对当时先进的人体工学在中华传统观念中运用最早探索的派系，并建立了相对完整的技术理论，这种有实践有理论有成就的派系自然产生了

❶ 本帮裁缝：民间对制作长袍、马褂、对襟衣等中式传统服装裁缝的称谓。

❷ 红帮裁缝：1840年鸦片战争之后，为了适应"西风东渐"的潮流，一些本帮裁缝逐步停做传统中装，专学洋服为洋人和洋务买办商人服务，业内称为"红帮裁缝"。

❸ 大裁：制作中式传统服装的裁剪方法。

❹ 国裁：伪满洲国地区对中式传统服装裁剪方法的别称。

❺ 洋裁：我国对学习或运用西式服装的裁剪方法的称谓，同时也是日本对西式（主要指欧美各国）服装裁剪方法的称谓。

❻ 和裁：伪满洲国地区、台湾日据时期对于日式和服裁剪方法的称谓。

❼ 20世纪30年代的改良旗袍，一个布幅可以容下整个下摆的裁剪，因此不需要左右身分裁。改良旗袍结构的曲腰、收摆、开衩和无中缝结构正是据此诞生的，也就有了"独幅旗袍料"的概念。

巨大的社会推动作用。

旗袍改良时期海派权威的技术文献卜珍著《裁剪大全》❶关于改良旗袍的裁剪图注，结合《良友》等时事文献所记载的旗袍风貌图像史料都支持了这种观点。尽管海派旗袍仍在坚持"十字型平面结构"中华系统，只是改直线侧缝为曲线侧缝，但这对中华传统的伦理观念也是革命性的，史称"改良旗袍"也是指观念上而非技术上。这个"不彻底改良"风潮的主要舞台是在上海和广东，并且辐射到当时的政治、工业中心的南京、北京，东三省乃至全国。比较1947年的《裁剪大全》和1938年的《裁缝手艺》它们都可视为正式的技术文献记录的近十年间完整改良旗袍的技术信息：①说明至少十年以上改良旗袍的结构形制没有改变；②南北并无差别；③红帮海派风格成统治地位（图12）。

旗袍改良的发展历经三十余年，终于在20世纪50年代末至60年代初开始了全面西化的进程，但1966年由于众所周知

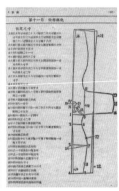

图12 民国时期中央内政宣传部审定的裁剪教科书《裁剪大全第三版》（1947年）❷卜珍著

的政治原因，作为民国常见的旗袍却被扣上"封、资、修"的帽子，成为"破四旧"❸的对象，被彻底革除，消失在人们的视野当中。而在港台地区，旗袍仍延续着这种变革，在1960年初的香港，1970年初的台湾相继形成了"分身分袖施省"的立体结构旗袍，标志着"旗袍定型时期"的到来，其分期的时间节点、形制和结构特征的确凿证据也是靠1966年香港和1975年台湾正式出版的技术文献。

"改良旗袍"技术文献已知最后一次在大陆作为教科书使用，出现在1953年由

---

❶ 卜珍. 裁剪大全（第三版）[M]. 岭东：岭东科学裁剪学院，1947：38. 此书为当时中央教育部审定核发的专业教材。

❷《裁剪大全》（1947年）仍保持着20世纪30年代《裁缝手艺》改良旗袍的所有结构特征，重要的是"挖大襟"的艺技更加成熟了而冠以"偷襟旗袍"。

❸ "破四旧"，指的是破除旧思想、旧文化、旧风俗、旧习惯。1966年6月1日，人民日报社论《横扫一切牛鬼蛇神》，提出"破除几千年来一切剥削阶级所造成的毒害人民的旧思想、旧文化、旧风俗、旧习惯"的口号；后来"文革"《十六条》又明确规定"破四旧""立四新"是"文革"的重要目标。1966年8月1日至8月12日召开的中共八届十一中全会，通过了《关于"文化大革命"的决定》（简称《十六条》），进一步肯定了破"四旧"的提法。

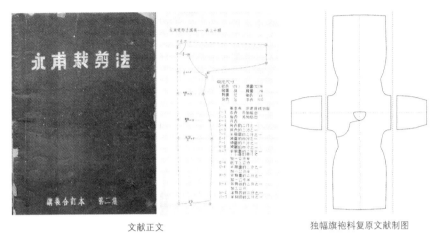

文献正文　　　　　　　　独幅旗袍料复原文献制图

图13《永甫裁剪法》呈现改良旗袍成熟期的结构特征（1953年）

红帮裁缝传人戴永甫❶所编写的《永甫裁剪法》第二集❷。此时的旗袍依然沿袭连身连袖"十字型平面结构"的中华系统，其结构特征是在侧缝收腰的同时，进行少量的收摆，总体上变得中规中矩，表现出改良旗袍成熟期的风范。与1947年海派权威的裁剪教科书《裁剪大全》相比，改良旗袍的结构形态没有发生根本的改变。这其中传递着两个重要信息：①改良旗袍的时间跨度是20世纪30～50年代；②改良旗袍的结构特征，在这三十年的变革中只是在侧缝曲线收腰、收摆的程度上，改变了古典旗袍直线无腰阔摆的形制，但没有根本改变"连身连袖十字型平面结构"的中华系统。因此"独幅旗袍料"与"挖大襟"技术如影随形，它不仅是红帮的创举，也成为一个特殊时代的文化符号，且成为划分旗袍第二个分期（改良时期）的技术依据（图13）。

四、定型旗袍立体化在港台的献证

20世纪40年代末至50年代初，大批红帮裁缝南迁香港、台湾地区。同时，由于大陆连续的政治运动，旗袍变革停滞，旗袍发展的主场也由大陆转向了港台地区，旗袍的改良迎来了一次质的改变，向立体化、机能化逐渐转变，其标志性的成果就

❶ 戴永甫（？—1999），鄞县古林镇戴家人，13岁到上海拜师学艺，后在上海南市城隍庙附近的露香园路开设裁缝作坊。1949年后，调至上海服装研究所从事服装科研与教育工作，出版《永甫裁剪法》《怎样学习裁剪》等著作。

❷ 戴永甫. 永甫裁剪法[M]. 上海：永甫服装裁剪专修班，1953：46。

是"分身分袖施省"的立体结构完全颠覆了"连身连袖无省"的十字型平面结构的中华系统。这个事实从理论上否定了大陆学界一直以来认为旗袍在20世纪30年代进入立体化的观点，因为直到20世纪50年代初从未发现改良旗袍立体结构（裁剪）的技术文献。问题是定型后的旗袍还有没有中国元素，如果没有，为什么全世界誉旗袍为华服早以获得公认，这其中精神层面的种子或许早在改良旗袍三十多年就孕育在它的物质结构中，只是没有很好的挖掘罢了，而台湾地区的学人完成"祺袍"称谓理论化的实践与探索，其玄机就隐藏在从改良旗袍到定型旗袍系统的技术文献中。

旗袍真正在结构上具有颠覆性的时期是在20世纪50年代末，由赴港台地区的红帮裁缝在20世纪60年代至70年代中期逐渐变革定型并完成理论化，这一阶段可视为旗袍结构的定型期，这便是台湾学人"祺袍"命名的基础。像是20世纪30年代旗袍易名事件的重演，不同的是不论在规模还是影响上都不如以前，但它的史学意义重大，因为它是旗袍三个分期中定型旗袍的标志性事件，"祺旗正名"和改良旗袍的"独幅旗袍料""挖大襟"会同时被载入旗袍史册。

从"连身连袖无省"到"分身分袖施省"的结构改变并不是一天完成的，最先尝试的是"施省"，严格讲仍不能认为是立体结构，因为主体仍没有改变"十字型平面结构"的中华系统，这种情况不过出现在20世纪50年代中叶。旗袍已知最早出现"施省"结构的文献出现在红帮裁缝传人王圭璋于1956年所编写的《妇女春装》❶一书在上海出版，该书所记载的旗袍侧缝有明显的收腰和窄摆处理，此为典型改良旗袍的结构特点，后中双折边腰节线位置有"拉腰一公分"表明要作拔腰❷1厘米的处理，形成微妙腰线的立体造型，同时在前腋下进行收胸省处理，但该文献中的旗袍裁剪并未采用分身分袖，仍然保持着改良旗袍"十字型平面结构"的中华系统，如此可视为改良旗袍到定型旗袍过渡时期的文献证据（图14）。还有一些同时期的文献如《服装省料裁配法》（1958年）也出现了类似的情况。说明最先尝试的施省旗袍在20世纪40年代末至50年代初的上海，说明定型旗袍仍然是以海派裁缝在推动，重要的是每个关键时期都有代表性技术理论的研究成果作支撑。事实上1949年后，以红帮裁缝主导的上海虽然出现了旗袍裁

❶ 王圭璋. 妇女春装[M]. 上海：上海文化出版社，1956：23-24.
❷ 拔腰，是指归拔工艺。衣身左右侧缝有收腰量说明需要拉腰处理，由于衣片中间腰部无省，这就需要配合侧缝收腰的曲缝进行归拔处理，收腰量越大，归拔处理越甚，难度也越大，由此产生微妙的腰部立体造型，此项改良旗袍的独特技术，且被继承下来直到定型旗袍。归拔利用面料弹性毕竟有限，当曲腰追求更强烈的时候，就出现了中间配合收省的情况，这就离定型旗袍的诞生不远了。

剪施省的结构，但整体上并没有脱离改良旗袍连身连袖的"十字型平面结构系统"，这与20世纪30～50年代初改良旗袍的结构形态没有本质区别，如果比较20世纪30年代～50年代中后期的技术文献就可以得到证实（参见图12、图13）。这说明以分身分袖施省立体结构为特征的定型旗袍，至少技术文献证明没有发生在1949年以后的中国大陆。由于政治因素的影响，改良旗袍也逐渐在大陆销声匿迹，定型旗袍真正流行的舞台由大陆转向了港台地区，并经由港台学人和业界人士的推动，形成了香港和台湾时尚化、国际化定型旗袍技术文献的完整体系。

1959年"台北市私立香港缝纫短期职业补习班"印行的缝纫教材《旗袍短装无师自通》❶，出现了立体裁剪旗袍的制板方法。其结构特征在延续了收腰收摆的同时加入了侧省，并破开了肩缝，这可以说是改连身连袖无省为分身分袖施省最早的技术文献，但作为定型旗袍结构并不彻底（图15）。

这个特点的还有1960年在台北"京沪祺袍补习班"印行的缝纫教材《最新祺袍裁製法》❷出版，记录有分身分袖施省旗袍的裁制方法，并继承了上海20世纪

❶ 赖翠英. 旗袍短装无师自通[M]. 台北：台北市私立香港缝纫短期职业补习班，1959：21.
❷ 修广翰. 最新祺袍裁製法[M]. 台北：京沪祺袍补习班，1960：80.

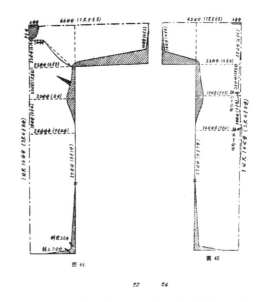

图14 连身连袖施胸省被视为改良旗袍到定型旗袍的过渡特征记录在《妇女春装》（1956年上海）

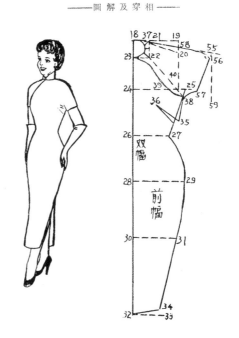

图15《旗袍短装无师自通》出现的分身分袖施省结构（1959年台湾）

图16《祺袍裁剪法》出现的分身分袖施省结构（1969年台湾）

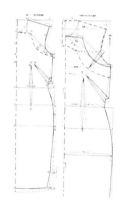

图17 香港《旗袍裁剪法》为标志性定型旗袍技术文献，1966年初版，1980年修订版

图18 杨成贵著《祺袍裁製的理论与实务》成为定型旗袍"祺旗正名"事件后的代表性技术文献（1975年台湾）

20～30年代红帮裁缝惯用的"祺袍"称谓❶，可谓海派进入港台的证据，让旗袍进入一个全新面貌（图16）。

事实上，在20世纪60年代，香港比台湾更早进入旗袍的定型时代，这与它更开放的国际大都市发达的时尚文化有关，因此标志性定型旗袍技术文献的出现早于台湾，具有代表性的是1966年由香港万里书店出版的《旗袍裁缝法》，是最早表现标准分身分袖充分施省的定型旗袍结构的技术文献（图17）。

经过不到十年的发展，同样的文献也在台湾出现，重要的是旗袍不仅被立体化结构定型，还形成了系统的裁制理论，并赋予了国服的定义。最具代表性的是1975年由红帮裁缝传人杨成贵先生在台湾出版的专著《祺袍裁製的理论与实务》❷，其中明确使用了"开肩襟祺袍"，其标志性结构形成了"分身分袖充分施省结构"❸。至此旗袍结构由"十字型平面结构"完成了向彻底西化的"分身分袖施省"结构的转变，至今在结构上鲜有变化（图18）。这些在港台的技术文献大体上记录了改良旗袍通过过渡结构的探索最终确立定型旗袍的真实过程，也标志着旗袍真正进入立体化结构时代是在20世纪60年代中叶到70年代中叶的香港和台湾地区，此后称誉世界的旗袍为华服也是由此逐渐发展起来。

旗袍引入施省结构的情况虽然在20世纪50年代初就已经初露端倪，但并没有形成完整的立体结构系统和技术，只是平面结构的立体处理。虽然20世纪60年代中叶在香港

---

❶ 其中使用"祺"字是沿用20世纪20～30年代裁缝圈为避满汉之争而使用的字，学界并不接受而为20世纪70年代台湾学界引出了"祺袍"正名事件。

❷ 杨成贵. 祺袍裁製的理论与实务[M]. 台北：杨成贵，1975：98.

❸《祺袍裁製的理论与实务》作为定型旗袍具有里程碑式的技术文献，明确使用了"祺"字，说明在主流学界、行业界"祺袍"的正名事件得到响应和推动，也标志着定型旗袍的确立，在香港和台湾的两个事件对中国旗袍史学研究具有重要的文献价值。

形成了定型旗袍的完整结构形态，也只是时尚概念。直至20世纪70年代《祺袍裁製的理论与实务》一书的出版，才真正形成了定型旗袍技术系统的建构。同时相关理论建设的跟进，奠定了定型旗袍的学术基础，王宇清❶《历代妇女袍服考实》一书发表，使得具有西式结构旗袍的民族化问题，在结构、称谓、历史沿革有了系统化、理论化的初步结论，印证了1974年"台北中国祺袍研究会"正名事件发生的原因及影响力。因此，将这个时间节点作为定型旗袍的分期依据是符合历史事实的。

冯绮文修女2008年在辅仁大学授课时的照片

五、三个分期 "后旗袍" 时代没有改变只有经典

定型旗袍的技术与理论建构影响深远，中华传统文脉得以完整的保护和传承。在台湾地区旗袍理论开始作为传统技艺进入大学教育，最具标志性的是2013年辅仁大学出版了《旗袍制作》❷专业教材合订本，共计四件套12张DVD光盘。该书为作者冯绮文修女在20世纪80年代为辅仁大学纺织服装系编写的教材基础上修订再版，原书初版时遵从当时学术界的理论共识选用了"祺袍"称谓，2010年作为大众读物公开出版时，基于社会的共识和历史原因，重新改名为《旗袍制作》。2010年版与1980年版的定型旗袍"分身分袖充分施省"结构系统无任何变化，说明这一结构体系的稳定发展并沿用

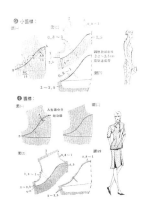

1980版教材中使用正名后的 "祺袍" 称谓（1987年台湾）

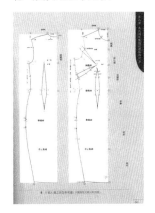

2013版《旗袍制作》中延续了20世纪70年代定型旗袍结构

图19 台湾冯绮文修女编著的《旗袍制作》

❶ 王宇清，字宇清、号乃光，1913年出生于江苏省高邮县，日本关西大学文学博士，台湾地区著名服装史学家。台湾历史博物馆创始人，开创台湾地区服装史学先河。历任台北历史博物馆馆长、台北中国祺袍研究会会长等职。著有《中国服装史纲》《冕服服章之研究》《历代妇女袍服考实》等多部服装史学著作。沈从文和王宇清被誉为中国古代服饰史学研究的双子星。

❷ 冯绮文. 旗袍制作[M]. 台北：辅仁大学中华服饰文化中心，2013：45.

图20 香港1989年的技术文献与1985年"亚洲小姐竞选"盛况 来源:《百年时尚:香港长衫》

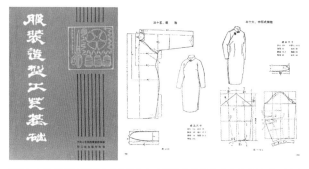

图21 大陆最早同时记录改良旗袍和定型旗袍结构图的高等教材《服装造型工艺基础》(1981年北京)并延续民国时期的"祺袍"称谓

了至少三十余年❶,至今仍成为华服经典无可撼动(图19)。

香港地区20世纪80年代的标志性成果是刘瑞贞1966年版《旗袍裁缝法》的修订本(1983年在香港出版),定型旗袍的经典结构和台湾一样得到巩固,并通过影视作品、自由贸易、社交成为展示华服旗袍的国际舞台(图20)。

在大陆定型旗袍的形制也随着港台地区文化的传播逐渐被社会接受,基本出现在20世纪80年代改革开放初期,随着两岸文化的交流而增加。1981年中央工艺美术

学院(现清华大学美术学院)染织服装系教材《服装造型工艺基础》❷由轻工业出版社出版,其称谓沿用了民国时期红帮裁缝通行的"祺袍"称谓。书中对具有立体结构的旗袍(定型旗袍)采用"中西式祺袍"称谓,对"连肩连袖"结构的改良旗袍采用"祺袍"称谓。可见,台湾地区在旗袍正名后而采用"祺袍"的现象并未影响到大陆,这说明此时两岸的学界和民间交流仍没有真正打开。但这种以结构为先导分别命名祺袍和中西式祺袍的现象在大陆服装专业首次进入高等教育教材还是首次,也说明编者遵循了港台地区某些蓝本,但在学界和业界都未引起重视。它虽在两岸文化交流尚未打开的情况下,可能通过间接渠道,如香港地区、台湾地区乃至国际华人社区,对开放的中国大陆产生影响。重要的是旗袍变革在华人社会发展有序,通过"祺袍"称谓在业内的使用是一直具有延续性

❶ 作者于2015、2016年两次赴台湾辅仁大学访学采访冯绮文修女所了解的情况得知,其20世纪70年代末赴台后,在台湾街头所见、亲手所制的旗袍均为分身分袖施省的结构;与此同时,杨成贵先生的前雇员,现台北"新华美祺袍专家工作室"的老板林锦德师傅、杨成贵先生遗孀林少琼女士均给出了一致的答复,可见将理论化的"分身分袖施省"结构旗袍作为旗袍西化改良的完成是可靠的。

❷ 中央工艺美术学院服装研究班.服装造型工艺基础[M].北京:轻工业出版社,1981:224-225.

的，由于港台地区保持良好的传承性，使大陆得以持续这种相关的技术文献，使旗袍的三个分期变得完整、清晰、可靠（图21）。

在大陆虽然没有像台湾学界针对从改良旗袍到定型旗袍的结构蜕变发起了正名运动，但大陆业界还是敏感地意识到，定型旗袍已成华人社会传统经典服制之一的事实，"旗袍"也成为国际共识，再用民国时期的"祺袍"称谓多有不便，恢复一直以来大众化而充满掌故的"旗袍"称谓，已经成为大陆和港台地区，无论是学界还业界的默契。然而改良旗袍和定型旗袍在结构上级是模糊，随着改良旗袍在技术文献中的消失（当然社会需求消失造成的，甚至"文革"十年完全被中断了），误认为定型旗袍就是由古典旗袍直接跨越而至的标志形态，大陆的技术文献也就看不到改良旗袍的踪迹。1982年北京育美服装学校印行的《时装裁剪》❶中专教材，就普遍采用"分身分袖施省"的定型旗袍和通用的"旗袍"的称谓，这种情况一直延续到今天（图22）。

从技术文献的考证说明，大陆在改革开放初期，学界已经注意到旗袍结构变化所带来的称谓问题，但受制于理论研究的滞后，开展改良旗袍和定型旗袍的学术探索，台湾学界的成果为旗袍的三个分期填补了重要的实证。尽管这一现象相较台湾"祺袍"正名事件晚了近八年，且最终没有能够形成像《历代妇女袍服考实》一样针对"旗袍"的理论考据成果❷，但终归两岸多元一体的文化特质和机制可以相互补证。

自此中华定型旗袍的结构基本确定，至今鲜有

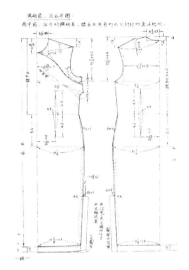

图22 恢复旗袍称谓的大陆技术文献《时装裁剪》（1982北京）

重大变化。然而现实生活是一回事，学术又是另一回事不能混淆。呈现给现实生活的事项要经过学术考验，否则受众的信息就会有副作用。现在，人们一说"旗袍"二字，大多联想到的并不是古典旗袍或改良旗袍，浮现在人们脑海中的其实是脱胎换骨、具有"分身分袖施省"结构的定型旗袍。单纯地说"旗袍"普遍会认为是"定型旗袍"的一切形态，即分身分袖施省结构，这样仅仅是在以名举实且未尽其实，更

---

❶ 朱震亚. 时装裁剪[M]. 北京：育美服装学校，1982：68.

❷ 大陆改革开放后标志性成果，沈从文编著《中国古代服饰研究》，1981年9月首次出版当然不可能涉及清末民初时期服饰的专题研究，对这一段的史学整理和学术研究几乎为空白。

远远没有达到以辞抒意的层次。这种学术缺失的后果，使大陆创造出电影《危险关系》❶中"关公战秦琼"的善意欺骗就不足为奇了。研究"旗袍"到"祺袍"称谓变化及其所包含的结构变革，是旗袍有关分期的史学研究不能绕开的。

六、旗袍分期及其易名的史学问题

旗袍的三个分期是基于文献梳理得出的，特别是以对当时技术文献的研究为依据，它以服装结构形态出现的时间节点，留下真实客观的历史记录为线索（附表）。20世纪30年代以前为旗袍的古典时期，"连身连袖十字型平面直线结构"是它的基本特征，由清代袍服在满族服饰的基础上继承汉制在女装结构上呈集大成者。民国时期，袍服经过一段时间的蛰伏，20世纪30年代中叶为时间节点，旗袍受现代西方服装形制的影响开始出现立体意识，改良之初虽然承袭了古典袍服连身连袖无省的"十字型平面结构"，但已经有了曲线腰身，这便是"改良"的成果，在结构上也只是一字之差，"连身连袖十字型平面曲线结构"，也因此掀起了一场旗袍的易名运动，实际上最初是由文化界发现裁剪设计创新引发的，诸如"颀袍""祺袍""中华袍"

等都是因此而引发的。这种争辩直到1949年后，台湾地区的学界和业界联合终结了这种争辩，这意味着改良旗袍的终结即定型旗袍的诞生，这就是为什么把改良旗袍定位在20世纪30～50年代依据。20世纪60年代，旗袍开始引入西式的立体裁剪系统，经历了从收腰、收摆、施侧省到破肩缝、充分施省的立体结构转变，在旗袍西化的进程中向前走出了一大步。随后经历了长达近二十年的发展，至20世纪70年代中期，旗袍在港台地区通过业界和精英人士的推动，完成了彻底的结构立体化并形成了完整的裁制理论体系，通过"台北中国祺袍研究会"的专门机构据此更名确立了"祺袍"的称谓，及其形制、结构和技术的理论构建。因此它在全球华人圈的接受度和影响力都大于以往的古典旗袍和改良旗袍，它几乎以掩盖改良旗袍的强势风尚影响大陆，而造成大陆改良旗袍和定型旗袍完全混淆，事实上"分身分袖施省立体曲线结构"在20世纪60年代之前从未出现过，当时的技术文献也支持了这个结论，当然还要有考物的证据，技术文献和相应的标本得到互证。由此可见，考证旗袍称谓及其相对应的结构形态，作为旗袍分期的依据是具有史学意义的。

旗袍自产生到定型共经历20世纪30年代以前的古典时期、20世纪30～60年代的改良时期和20世纪60～70年代的定型时期，根据

---

❶《危险关系》是由许秦豪执导，章子怡、张东健、张柏芝主演的爱情片，该片于2012年9月27日上映。该片改编自法国作家拉克洛同名小说，讲述30年代上海滩上流社会的爱情故事。

其对应的典型结构特征分别为古典时期的连身连袖十字型平面直线结构、改良时期的连身连袖十字型平面曲线结构和定型时期的分身分袖施省的立体曲线结构，其形制与结构的发展脉络形成了旗袍三个分期清晰的时间节点和造型演进的结构图谱。特别是20世纪60年代以后的定型旗袍，在旗袍发展过程中具有分水岭意义，自此以后的旗袍所采用的分身分袖施省的立体结构是对传统华服"十字型平面结构"系统的彻底颠覆。值得研究的是，据此得到"世界经典华服"的誉名比之前任何时期更充分和持久，可见它比之前任何时候都削减了中国元素，但却比之前任何时候更赢得了中国精神。

在中国考古界有过从"司母戊鼎"到"后母务鼎"的正名事件被视为学术佳话，对近现代服装史研究发生在台湾学界从"旗袍"到"祺袍"的正名同样有学术价值，因为旗袍诞生伊始就伴随易名之辨，学术上始终没有定论，而旗袍分期早以成为事实。旗袍自初兴之日起便承担了一种文化符号同构的作用，促进着民族融合的脚步，它既是满俗的继承，也是汉制的再兴。20世纪20～30年代，"旗袍"称谓广泛出现在民国的文学作品之中，社会精英的推动渐成民族集体意志，逐渐发展成为一个大众普遍认可的文化符号，其存在意义远远超过了服饰的范畴，而是大众为主导的新的服饰伦理文化的重构。因此，文化界曾鉴于"旗袍"与"清代旗女袍服"的文化差异，提出"顾袍"称谓；业界曾依据"旗袍"与"清代旗女袍服"的结构差异，望音生意创造出了海派"祺袍"称谓，这两种具有改朝易服的时代记忆虽没有形成广泛传播，但不可否定，它们在旗袍改良过程中起到了重要的作用。

20世纪70年代中叶，改良旗袍在形制和技术上已经完全脱离了传统旗袍的结构特征，形成了"分身分袖施省"的现代旗袍结构。就史学的科学性和严肃性而言，不论是"旗袍""祺袍"或是"顾袍"的称谓都会对这段重要的历史记录一个真实的信息。为了避免后世对旗袍分期的漠视和误解，也是本着严谨的学术态度，"祺袍"称谓被台湾学术界联合业界、教育界、工商界等重新确立为现代定型旗袍的正式称谓。"祺"乃祥瑞之意，存华夏文脉，包含了对于美好生活的期许，且与"旗"字同音，并承袭了历史对"祺"字探异的事实，易于不同行业和社会大众理解，提醒人们对这段历史考实的兴趣。从修辞的意义上讲，如果说之前的解释为"信、达"的话，后边的解读就是"雅"。将"旗袍"和"祺袍"合意之"祺袍"，予服饰增加了具有人文意味的憧憬，不再仅仅是一种服装样式的名称，而是"祥瑞之袍""华美之袍"，也正满足了"以辞抒意"的终极目标，亦是当初"台北中国祺袍研究会"融"旗袍"和"祺袍"之形，抒"祺袍"之意的初衷。

旗袍发展过程中称谓的不断变迁，一方面体现了语言与物质文化历史的对应性，另一方面也表现出旗袍研究的学术生态，这对旗袍分期研究至关重要，也是两岸学者需要正视的。旗袍从清末民初至今不过近百年的时间，相对于五千年的中华文明史不过

附表 旗袍三个分期结构图谱

时期	古典时期	改良时期		定型时期
结构	十字型平面直线结构	十字型平面曲线结构	十字型平面施省结构	分身分袖施省结构
标本	有中缝的 来源：隐尘居藏 20世纪20年代 无中缝的 来源：江南大学传习馆藏 20世纪20年代	无中缝的无省结构 来源：私人收藏 20世纪30年代 来源：北京服装学院 民族服饰博物馆 20世纪30年代	无中缝的施省结构 来源：隐尘居藏 20世纪40年代 来源：私人收藏 20世纪40年代	来源：北京服装学院民族服饰博物馆 20世纪40年代 来源：冯莉末 20世纪末

续表

时期	古典时期	改良时期		定型时期
结构	十字型平面直线结构	十字型平面曲线结构	十字型平面施省结构	分身分袖施省结构
外观图和结构图				
标志性技术文献	《衣服裁法及材料计算法》（1925年）	《衣的制法（五）旗袍》（1937年）	《妇女春装》（1956年）	《旗袍短装自通》（1959年）《祺袍裁制的理论与实务》（1975年）

是沧海一粟。然而，到了"定型旗袍"才真正结束了连绵五千年中华服饰"十字型平面结构"的一统天下。无论是物质基础还是文化形态都成为划时代的标志，而"旗袍"称谓仍然无法摆脱"旗人袍服"的印象，不能表达它所处时代的真实性。历史上业界所使用的"祺袍"和文化界提倡的"颀袍"称谓更像一种权宜之计，但的确具有区分"清代旗女袍服"和"改良旗袍"的作用。对结构发生改变的命运，后世所形成探索性的"改良旗袍""中西式祺袍"等称谓，在一定程度上做到了区分结构差异的作用，就学术而言的确是一种缺乏理论指导语境下的暂行办法，当然不符合"以名举实，以辞抒意，以说出故"的思辨理念和释史的功能。

为了提高学术研究方面的严谨性，也是为了证明称谓的"释史"功能及其与结构的关系，辨证地区分"旗袍"这一形制

的服装在结构上与"清代女子袍服"所存在的差异，以及结构上对"十字型平面结构"系统的超越，称谓正名变得非常重要。"定型旗袍"已经具备构成一种独立品类服装的基本要件，用"旗袍"以概括之，缺乏理论的系统性，这种先入为主的主观记史容易使人误解为"旗袍所处的历史时期并未发生重大变革"，与事实不符，在学术上也不够严谨。修正其为"祺袍"，提高了学术的严肃性，同时又赋予其特殊历史考案的正释，是承古正今之举。

称谓正名的过程既具有史论研究必要的历史价值，又是结构变迁所引导的史学"自正"行为的学术探索。经由称谓问题入手，将落脚点放在结构形态的释读上，为旗袍史学研究提供结构信息的补充，成为旗袍"结构分期"的重要引导，成为研究旗袍文化史的抓手和理论溯源的基石。

 刘瑞璞 北京服装学院教授

北京服装学院博士研究生导师，艺术学学术带头人。我国传统服饰结构考据学派的领军人物，著有《中华民族服饰结构图考：汉族编/少数民族编》《古典华服结构研究：清末民初典型袍服结构考据》《清古典袍服结构与纹章规制研究》等。

朱博伟 北京服装学院在读博士

从事中国传统服饰的抢救传承研究。代表论文《"旗袍"和"祺袍"称谓考证》《旗袍和祺袍稱謂考證及其三種形態》《旗袍三个时期的结构断代考据》《"旗袍"易名》等。

牡丹髻略考

【摘要】

牡丹髻是中国古时妇女的一种高髻发式。主要流行于明清时期，由江南地区波及南北各地。依史料看，最初人们是将牡丹花簪于头上作为装饰。隋唐时期已有将硕大的牡丹、芍药花插于高髻的画作和文字记载；至宋元时期出现了将发髻梳理编盘成牡丹、芍药花的样式，并以花名冠之；明清时这种"牡丹"髻式已广为妇女所喜爱。本文通过史料文献，对牡丹髻的发展流变以及髻式的造型进行考证与分析。

【关键字】

牡丹髻　妆饰　特点

一、古代文人笔下的牡丹髻

牡丹髻，也称牡丹头，是古时妇女梳理的一种高髻。因其外观像盛开的牡丹花，故得此名。牡丹髻髻式特点为蓬松高大：将两鬓至额前的头发分成若干股，与其余所有的头发同时向头顶总束起来，也可不分股向后用丝带等物束起；总束头顶的头发分出多股，或将每股头发依次卷梳至发顶，盘绕束结，用簪钗等饰物固定，形若盛开的牡丹花；或将束起的头发侧向一边，由小到大绕出数个鬟髻，再分别饰上钗钿和花朵，形若风中摇曳的牡丹花；也有向后束去，结

成一叠，包巾饰带，如同牡丹初放。其髻式高两三寸至六七寸不等，其中有突出髻式而少饰钗钿的，也有束髻后饰满金银的。但无论簪钗多少，二者皆能交相辉映，浑然一体，灵动生姿，颇受世人的喜爱。

人们普遍认为，牡丹髻流行于明清时期，最初源于江南的苏州地区，进而传播到南北各地，其主要依据见于明清两代一些诗文记载以及绘画作品。

其一，明末清初著名诗人吴梅村（1609—1672）的《南乡子·咏牡丹头》："高耸翠云寒，时世新妆唤牡丹。岂是玉楼春宴罢，金盘，头上花枝斗合欢。着意画烟鬟，用尽玄都墨几丸。不信洛

阳千万种，争看，魏紫姚黄总一般"❶。

其二，明末清初李渔（1611—1680）《闲情偶寄》："窃怪今之所谓牡丹头、荷花头、钵盂头，种种新式，非不穷新极异，令人改观。"❷他在《无声戏》第七回《人宿妓穷鬼诉嫖冤》和《风筝误·艰配》也提到了牡丹头。

其三，明末清初著名诗人、戏曲家尤侗（1618—1704）诗："闻说江南高一尺，六宫争学牡丹头。"

其四，清董含（1624—1697）在《三冈识略·三吴风俗十六则》记："余为诸生时，见妇人梳发，高三寸许，号为'新样'。年来渐高至六七寸，蓬松光润，谓之'牡丹头'，皆用假发衬垫，其重至不可举首。"

其五，清代学者褚人获（1625—1682）所著《坚瓠集三》卷一《髻异》："吾苏妇人梳头。有牡丹、钵盂之名。鬓有兰花、如意之号。"

其六，清代严用三《尹山猛将会竹枝词》："桃柳风翻裙褶乱，歪斜吹散牡丹头。"

较之诗文，表现牡丹头的仕女画作相对要多一些，从明人所绘《缝衣图》（图1）❸、明代陈洪绶（图2）❹、唐寅（图3）❺，清代任熊、禹之鼎等的画作和清康熙文喜堂刻本《秦月楼》插图（图4）❻中可看到梳牡丹髻的女子形象。

这些记录有牡丹髻形象的诗文、画作，较为集中在明代中后期到清中期这段时间，当时牡丹髻的发式在保持其总体造型特点相对稳定的情况下，还根据人们不

图1 明人所绘《缝衣图》中梳牡丹头的妇女　图2 明代陈洪绶所绘梳牡丹髻的仕女　图3 明代唐寅所绘《美人春思图》中梳牡丹髻的仕女　图4 清代梳牡丹头的女子

❶ 吴伟业. 吴梅村全集[M]. 李学颖，集评标校. 上海：上海古籍出版社，1990.
❷ 李渔·闲情偶寄[M]. 江巨荣，卢寿荣，注. 上海：上海古籍出版社，2000.
❸ 高春明，周汛. 中国历代妇女妆饰[M]. 上海：上海学林出版社，三联书店[香港]有限公司，1997. 10：23.
❹ 翁万戈. 陈洪绶·中卷·彩绘篇[M]. 上海：上海人民美术出版社，1997. 8：302.
❺ 原画现藏于美国福瑞尔博物馆。
❻ 康熙文喜堂刻本《秦月楼》插图。

同的喜好和时尚产生了许多新的变化，仅从现存清代绘有牡丹髻的图片资料上看，当时流行的牡丹髻至少也有十多种样式。

二、牡丹花的观赏与妆饰

自古以来，牡丹花以其缤纷艳丽、饱满硕大等特点受到人们的喜爱。牡丹为毛茛科，芍药属。古时均称为芍药，秦汉之间始从芍药中分出，称木芍药，后将木本称为"牡丹"，草本称为"芍药"。南北朝时牡丹逐渐成为观赏花卉，隋代的洛阳就兴起了种植牡丹来观赏，到了唐代开元中，牡丹又盛于长安，不仅数量大增，品种也逐渐丰富起来，有"双头""重台""千叶"等稀有品种。北宋时，仲休撰写了《越中牡丹花品》，是目前发现的首部牡丹谱录。北宋欧阳修（1007—1072）撰写了《洛阳牡丹记》，略晚时的周师厚著有《洛阳花木记》和《洛阳牡丹记》，记载了当时的牡丹有"姚黄、鞓红、千心黄、女真黄、双头紫、红缬子、合欢芳、合欢娇"等约109个品种，洛阳牡丹被誉为"天下冠"。

宋范成大（1126—1193）在《吴郡志》中记载："北宋末年，朱勔家圃在苏州阊门内，竟植牡丹数千万本，以彩画为幕，弥覆其上，每花身饰金为牌，记其名。"宋李述于1041～1048年间所撰《庆历花品》，记述了吴地牡丹花品共42种，"出洛阳花品之外者"皆为江南培育。说明当时牡丹花已受到南北各地人们的喜爱。明清时期，牡丹、芍药的品种更多，据赵世学撰《新增曹州牡丹谱》记载约有240个牡丹品种。

人们喜爱牡丹和芍药，由最初的观赏、药用到作妆饰，可谓"花"尽其用。其妆饰的形式大致有三：①将牡丹、芍药花直接插在发髻；②用丝帛做成牡丹、芍药状的花朵或花冠戴在头上；③将发髻盘卷成牡丹、芍药状的花形。唐宋之后，有文字和图像记载用牡丹装饰发式的史料渐多，如已出现将牡丹、芍药等花卉簪插在发髻上的记载，时称其为"花髻"。唐万楚有《插花向高髻》之句，唐罗隐《牡丹》诗："艳多烟重欲开难，红蕊当心一抹檀。公子醉归灯下见，美人朝插镜中看。"描述了美人梳妆时将牡丹插在发髻上对镜欣赏的画面。《奁史·引女世》说："张镃牡丹宴客，有名姬数十，首插牡丹。" ❶ 又宋欧阳修《洛阳牡丹记·风俗记第三》："洛阳之俗，大抵好花。春时城中无贵贱皆插花。" ❷

❶ 王初桐. 奁史一百卷[M]. 北京：全国图书馆缩微文献复制中心，2010.
❷ 乾隆景印文渊阁四库全书[M]. 台北：台湾商务印书馆，1986：485-486.

南宋陈克（1081—1137）的《浣溪沙》有"牡丹花重翠云偏。手挼梅子并郎肩"之句，描写了一位戴着硕大牡丹花，使翠云髻（一种高髻）偏向一边的女子，手里拿着梅子，与郎君并肩行走的情景。苏东坡"人老簪花不自羞"、张元幹（南宋词人）"插花还起舞"等都提到不仅女性喜爱簪花，连男子也有头戴鲜花的意趣。除了以牡丹、芍药花簪饰于发髻上，人们还将假发掺入真发，模仿牡丹、芍药等花卉的样式，做成花冠戴在头上用做妆饰，这样不仅脱戴方便，还弥补了真花容易凋谢的不足。

图5 宋人《杂剧人物图》中戴牡丹花的女子

三、簪花与牡丹花髻的妆饰形式

在高髻上饰以花朵称为"花髻"，隋唐时期周昉的名画《簪花仕女图》所描绘的即是这种发髻式样。当时还有百花髻、芙蓉髻、百叶髻等。宋以后，女子仍流行高耸的髻式，有朝天髻、大盘髻和单鬟髻等。同时受到人们喜爱的还有头插花朵、戴花形冠和做花卉式发髻等形式。如宋末元初著名画家钱选（1239—1299）所绘的《招凉仕女图》和南薰殿旧藏的《历代帝后图》中都有戴花冠的宋代妇女形象，宋人《杂剧人物图》（图5）❶中亦有戴一头牡丹花的女子。一些诗文中较为详尽地描述了牡丹饰于发髻的状况，如宋代紫姑《瑞鹤仙·睇娇红细捻》："姚黄国艳，魏紫天香，倚风羞怯。云鬟试插。引动狂蜂浪蝶。"南宋诗人吕本中（1084—1145）《渔家傲》："小院悠悠春未远，牡丹昨夜开犹浅……一朵姚黄鬟

髻满，情未展，新来衰病无人管。"这里所说的"姚黄"，为牡丹中之上品。孙惟信（1179—1243）《烛影摇红》："一朵鞓红，宝钗压鬓东风溜。"鞓红，也是一种牡丹的名称。

将发髻盘卷成牡丹、芍药花形状作为妆饰的例证，在明代和清代的诗文、图像中多有所见，但在宋元时期却鲜见于文字之中。从史上流传下来的一些画作和雕塑作品中，可以看到相类似的发髻形态，如现藏于陕西历史博物馆、出土于西安韦曲耶律世昌墓的一件元

❶ 原画现藏于故宫博物院。

图6 元代梳牡丹髻的拱手女　　图7 元代明应王殿壁画《园林梳妆》里梳牡丹髻的　　图8 元代明应王殿壁画《后宫奉食》
侍陶俑　　　　　　　　　　　侍女　　　　　　　　　　　　　　　　　　　里梳牡丹髻的侍女

代拱手女侍陶俑（图6）❶，其发髻的样式与后代所称牡丹髻的特点非常相似。另外在山西洪洞广胜寺水神庙里的元代明应王殿壁画《园林梳妆》（图7）❷和《后宫奉食》（图8）❸里，有几位侍女，所梳髻式为花朵状的高髻，均为头发向头顶后部梳拢系结，再分出若干股在头顶分别卷曲成大大的花状，最后在发髻上簪钗花钿小梳等饰物，发髻高为3～4寸有余，符合当时高髻的特征，分析其造型，也与后世牡丹髻的特点基本相一致，这说明了元时妇女的发髻中就已有类似牡丹髻的样式。

元人诗文中也有对花卉髻式的记载，如元代李孝光的《五峰集·寄萨天锡》曰："城中高髻琼花样，去听吹箫何处楼，"记载了当时扬州女子流行梳琼花式样的高髻。牡丹、芍药是宋元时期人们普遍喜爱的花卉，《宣和内人图》有："牡丹横压搔头玉，眼尾秋江剪寒绿"之句❹，元时虽有牡丹、芍药花状高髻，却鲜冠以其名。元人乔吉（1280—1345）诗《赠姑苏朱阿娇（元代歌妓）会玉真李氏楼》："合欢髻子楚云松，斗巧眉儿翠黛浓，柔荑指怯金杯重。"❺这里提到的"合欢髻子"并

❶ 原画现藏于陕西历史博物馆。
❷ 山西洪洞广胜寺水神庙里的元代明应王殿壁画《园林梳妆》图。
❸ 山西洪洞广胜寺水神庙里的元代明应王殿壁画《后宫奉食》图。
❹ 顾嗣立. 元诗选初集[M]. 北京：中华书局，2002.
❺ [元]乔吉，字梦符，号笙鹤翁《类聚名贤乐府群玉》[卷二]。

非指植物之"合欢",因为当时有一种较为贵重的芍药品种一说牡丹名为合欢芳和合欢娇,因其为并蒂而生,被象征着夫妻团聚和幸福美满。元人汪泽民(1273—1355)《宛陵遗稿》《双头同心芍药出西城居民家 》提到了这个名为"合欢"的并蒂芍药:"双花窈窕照春深,尽日凭阑费苦吟。背面紫云分宝髻,合欢金缕结同心。"❶此处的"合欢"则代表了牡丹、芍药之名。

结语

综上所述,牡丹髻的由来是有其多种原因的,首先是出于人们对牡丹的喜爱,最初被直接插于发髻之上,进而用多种材料做成花朵或花冠进行装饰,直至将发型梳理成盛开的牡丹状。其时间大致始于隋唐,宋元时期发展而盛于明清,成为历史上妇女们最喜爱的发式之一。

作者简介   许星   苏州大学艺术学院教授、博士研究生导师

主授课程有服饰配件设计,高级女装设计及理论研究,民族民间服饰研究。
主要著作《中国服饰百年》《中外女性服饰文化》《中国设计全集·服饰类编·衣裳篇》《中国设计全集·服饰类编·容妆篇》《中国当代设计全集·服饰类编·服饰篇》《高级服装领袖打版技术全编》《服饰配件艺术》等。发表服饰研究论文多篇。

---

❶ [清]长洲顾氏秀野草堂刻本,清康熙五十九年(1720年)。

近代服装新思潮的传统根基

【摘要】

近代是我国社会的历史转折与过渡时期，国人在对近代社会变革的思考中重新审视服装问题，由此形成了近代服装新思潮。这股思潮离不开西风东渐而来的人文主义与科学主义，同时也离不开我国博大精深、源远流长的传统文化。我们可以并且应该重拾"衣冠王朝"的自信，在理性认识传统文化的基础上去其糟粕、取其精华，重新构建具有本民族个性的服装新文化。

【关键词】

服装思潮　人文科学　传统

一、近代服装新思潮概要

服装思潮是社会思潮的一部分，是一定时期部分人群对服装较为一致的认识。服装思潮包括对服装本身的造型、工艺及服装业的认识，具体而言即回答什么是服装，为什么穿服装，以及如何穿用、设计、制作服装等问题，它体现在一定时期的服装评论与穿衣、制衣等服装实践中，反映了该时期的服装风貌并对服装与人的关系及发展产生影响。

近代（1840—1949年）是我国社会的历史过渡时期，国人在近代社会思潮的引导下和对社会变革的思考中，重新审视了服装问题，由此形成了有别于我国古代以礼制思想为核心、以"贵贱有等，衣服有别❶"为形式的服装观念的新趋向——近代服装新思潮。近代服装新思潮是近代社会变革与社会思潮演变的产物，是近代国人对"一代又一代的人穿着同样的衣服而不觉得厌烦❷"，以及"衣冠故事多无着令，但相承为例❸"等传统的重新

---

❶ 礼记[M]. 叶绍钧，选注. 北京：商务印书馆，1947：163.

❷ 张爱玲. 更衣记[J]. 古今，1943（36）：25.

❸ 沈括. 梦溪笔谈（上）[M]. 北京：中央民族大学出版社，2002：6.

思考和对日渐西化的新面貌的认识，是引导中国服装登陆现代世界的灯塔。

二、近代服装新思潮的实质

近代服装新思潮是近代中国社会思潮的一部分，它内涵着服装自由、彰显个性等人文主义思想和以此为前提、运用实证的方法认识与发展服装的科学主义思想。

1.人文主义

人文主义的直接渊源可以追溯到13世纪末兴起于欧洲的思想解放运动——文艺复兴运动，它反对中世纪的禁欲主义、专制主义，肯定人的本质与价值并倡导个性解放，对西方艺术、科学等各方面的发展产生了巨大的引导作用，也是西方"窄衣文化"的思想基础。在"西风东渐"的时代潮流助推下，人文主义在近代中国开始从社会思潮层面向服装领域渗透，并成为引导我国走出古老的"宽衣文化"的思想核心。

19世纪60年代后，以"中学为体，西学为用"为指导思想的洋务思潮兴起。在这场社会思潮下，古老的中国学到了一些器物层面的新东西；但在观念层面，始终执着于以三纲五常为核心的"中体西用"原则。19世纪末，维新运动所掀起的变法思潮将"学"的范围扩大并广泛宣扬了"变"

的观念，所谓"变者，天下之公理也❶"。于是，在器物层面的学习之外，出现了改变学校"虚文"、废除八股制度和兴办西式学堂等举措，具有基础思想引导作用的教育都开始"变"了，也就意味着历来神圣不可侵犯的儒家正统也开始"变"了。于是，承载着等级礼教、身份贵贱等标识意义的服装也开始面临"变"的问题。康有为就曾上奏"断发易服"的奏折，还在其著作《大同书》中提出"人生而有欲，天之性哉……居之欲美宫室，身之欲美衣服也……❷"的观念，同样肯定了人的天性，倡导了以人的需要作为服装选用原则的思想，这是对"克己复礼"的礼教观念的否定，是服装人文主义的先声。

辛亥革命正式将变法思潮落到了实处，在一定程度上完成了"变"的历史任务。"从前专制，是以人民为奴隶。现在觉悟了，知道大家都是人……国家是人人的国家，世界是人人的世界❸"，这样的"人"才是真正意义上的人，从此社会中每一个人的存在都得到相对平等的对待和肯定。这里所宣扬的平等精神正是人文主义的核心之一。

针对服装问题，辛亥革命的革命者们提出，"古代的时候衣服所谓是夏葛冬裘，便算了满足需要；但是到了安适程度，不

❶ 梁启超.变法通议[M].北京：华夏出版社，2002：15.
❷ 康有为.大同书[M].北京：中华书局，1936：1—80、193-254.
❸ 孙中山.孙中山选集[M].北京：人民出版社，1956：576.

只是夏葛冬裘，仅求需要，更要适体，穿到很舒服；安适程度达到了之后，于适体之外，还要更进一步，又求美术的雅观"，可见，这里的服装已经不是服务于"不下士人"的礼制了，而是服务于每个人的需要——"这个需要问题，就是要全国四万万人都可以得衣食的需要"❶，每个人都有存在的价值，每个人的服装问题都要解决。同时，"在此时阶级平等，劳工神圣之潮流，为民众打算穿衣之需要，则又要多加一个作用，这个作用就是要方便"，这主要指方便人的活动，针对的是中国古代宽袍大袖、不便于活动的服装形制。在这样的思想指导下，《服制草案》取代了自古以来规范服装的各种"礼""典""令"，成为民国服装新制度的纲领。草案只规定男女礼服，便服则主张"听人民自便"，且明确提出，对于"今世界各国趋用西式"的服装风貌要"从同为宜"❷。这一方面打破了服装礼制的枷锁，传播了服装自主的人文观念，另一方面则为服装的发展指明了方向，即向具有实用、个性等人文思想内涵的"窄衣文化"看齐。

1915年，《青年》杂志（第二年改名《新青年》）创刊，标志着中国近代伟大的思想解放运动——新文化运动的兴起（图1）。新文化运动是"西风东渐"在中国发展的新阶段，对西方的学习从前期的器物层面转向了思想文化层面，"国人而欲脱蒙昧时代，羞为浅化之民也，则急起直追，当以科学与人权并重❸"，这里的"科学与人权"即德先生与赛先生，是新文化运动所掀起的新思潮的两个核心。陈独秀指出"新文化运动是人的运动"，"人的运动"就是围绕人进行社会活动，以有个性发展需要、有自我追求的人为对象，让人成为有意识的、独立自主的人，要让人"觉悟他们自己的地位"，不要当"机器、牛马、奴隶"，成为能自己"吃饭、穿衣、走路"的人❹。因为我们是这样的"人"，所以"对于衣服选择的意志，有相当的自由"❺；所以要"装饰来凑着人"而不是"人去凑着装饰"❻；所以服装"在美丽，实用之外还需要的是个性"❼。这些以"人"为中心的新思想此起彼伏、相互呼应，形成了近代服装人文主义的重要内容，为人们真正有意识地摆脱礼教、为近代服装人文精神的普遍觉醒以及服装革

---

❶ 孙中山. 孙中山选集[M]. 北京：人民出版社，1956：864-865.
❷ 中国第二历史档案馆藏. 服制草案. 档案号：1002-639. 1912.
❸ 陈独秀. 敬告青年[J]. 青年，1915，1（1）：1-29.
❹ 陈独秀. 新文化运动是什么[J]. 新青年，1920，7（5）：10-15.
❺ 张元欣. 女学生初夏服装[J]. 中国学生，1929，1（5）：30-31.
❻ 黄觉寺. 女性与装饰[J]. 永安月刊，1943（39-43）：12-56.
❼ 方雪鸪. 关于女子新装束的话[J]. 美术杂志，1934（1）：588.

图1　新青年杂志封面，《新青年》
1916年第2卷第1期

新奠定了基础。

2.科学主义

科学是对事物本质与规律的系统认识与把握，万事万物皆有其学问与规律、皆可成为科学，实事求是、求"真"是科学的本质。梁启超说："有系统之真知识，叫作科学，可以教人求得有系统之真知识的方法，叫作科学精神[1]"，科学精神就是探索事物的本质与规律、寻求

真理以建立系统知识，并由此促进事物发展进步的思想。

在洋务思潮的涌动中，国人就已经开始主动向西方学习包括纺织技术在内的科学技术。但此时人们追求科学并不是为广泛的"人"服务，这种狭隘的科学态度能让服装得到一定发展，但发展的程度有限。变法思潮在一定程度上打破了这种伪科学态度，新式教育为真正的科学精神的传播奠定了基础。此时以全民幸福为宗旨的科学精神开始初步树立，孙中山在谈论服装问题时便提出改良纺织技术、发展自主的服装纺织业以达到全民"丰衣足食"的构想。到了新文化运动，思想先驱们举起了人文主义的思想旗帜，同时也举起了以此为前提的科学主义的思想旗帜，至此真正的科学主义开始深入人心、深入服装领域，并成了近代服装新思潮的另一核心成分。

"新思潮的精神是一种评判的态度[2]"，评判的态度正是科学主义的一大特征，它是尼采"重新估定一切价值"的诠释，它要求对沿袭的制度风俗、圣贤教训提出质疑。在这样的科学态度下，有了"从前的人说妇女的脚越小越美。现在我们不但不认小脚是'美'，简直说这是'惨无人道'了"的思想质变；有了"胸以下全白，胸以上纯黑，袖子照披肩式，飘动时可露出白臂的全部"的新式服装[3]，破除了以章纹为贵、以五色为上、以深藏为美等礼教魔咒。"研究事实""讲究观察和实验[4]"也是科学主义的重要内涵，即使是一枚小小的纽扣的起源，也值得并有必要通过"细心的查古画像，古雕刻和其他许多有关的资料"来进行实证[5]。衣服沾上了难以去除的污渍

[1] 梁启超. 科学精神与东西文化[J]. 科学. 1922, 7（9）: 859-870.

[2] 胡适. 新思潮的意义[J]. 新青年, 1919, 7（1）: 12-19.

[3] 叶浅予. 晚礼服[J]. 玲珑, 1932, 2（72）: 1029.

[4] 任鸿隽. 何为科学家[J]. 新青年, 1919, 6（3）: 4-10.

[5] 郑振铎. 悼许地山先生[J]. 文艺复兴, 1946, 1（6）: 674-676.

不是置之不理，而是通过研究"衣类污点拔除法❶"等科学方法给予解决。同时，"吾人之心理，时有新的欲望，衣装上必以时而进❷"，尚新是人的本性，创新是科学主义的内涵，也是科学发展服装的必要追求。在创新思想的引导下，我们可以看到，单就近代那件令人爱不释手的改良旗袍，在短短的几十年，就经历了令人瞠目结舌的种种变化，如及地、及踝、及膝等长度变化，直线、波浪等衣摆变化，长袖、无袖、倒大袖等袖型变化，低领、立领、元宝领等领型变化，大襟、对襟、假襟等开襟变化，盘花纽、一字纽、拉链等纽结变化，细香滚、肩垫、珠饰等细节变化（图2）。

图2 改良旗袍的开襟变化，《中华》1940年第94期

三、近代服装新思潮的传统根基

新思潮倡导对新文化的"输入"，同时，也倡导对传统文化的"整理"，这是我国近代文化"再造"的一种方式❸。实际上，不论近代是否倡导以这种"评判的态度"来塑造时代文化，文化的发展都不可能脱离传统而全盘翻新，尤其是在意识形态方面，"它（意识形态和思想传统）一经制造或形成，就具有相对独立的性格，成为巨大的传统力量❹"。近代服装新思潮相对我国传统服装思想文化而言是质的飞跃，但它的形成并没有脱离传统文化的根基。

1.从"仁"到"人"

"仁"是我国传统文化的重要组成部分，在孔子的思想里，它既有强调"克己复礼为仁"等维护礼教的方面，又有"泛爱众，而亲仁"❺这种以血缘关系为基础的原始人道主义的方面。孔子后，儒分为八，各支流都多少继承了"仁"的人道主义特质，主张"仁政"的孟子就尤其强调了"仁"的人道主义内涵。"世之显学，

❶ 陆咏黄. 衣类污点拔除法[J]. 妇女杂志，1915，1（3-4）：8-18.

❷ 李寓一. 美装新装与奇装异服[J]. 妇女杂志，1928，14（9）：24-30.

❸ 胡适. 新思潮的意义[J]. 新青年，1919，7（1）：12-19.

❹ 李泽厚. 中国古代思想史论[M]. 北京：人民出版社，1985：16-40.

❺ 论语[M]. 吉林：吉林文史出版社，2004：2、101.

儒、墨也"❶，在儒家思想成为我国古代思想的主流之前，墨家是能与之鼎足而立的另一大流派，而与儒家对立的墨家实际上也讲"仁"，"仁者之为天下度也，非为其目之所美，耳之所乐，口之所甘，身体之所安。以此虚亏民衣食之财，仁者弗为也"，只是墨子的"仁"更主张兼相爱而交相利，更强调"饥者得食，寒者得衣，劳者得息"这些黎民百姓的民生问题的解决❷。总之，"仁"是我国传统思想中的固有基因，这个基因对近代服装文化的重塑以及近代服装新思潮的形成具有潜在推动作用，与外来的"德先生"一起共同完成了近代服装新思潮的人文主义思想架构。

首先，"仁"是近代国人身心解放的潜在动力，是近代服装造型与观念变革的思想基础。在《大同书》中，康有为开篇便借孟子的"人有不忍之心"为题，表达了对众生之苦的深切同情，"不忍"的仁爱观念让康有为在思考缠足行为时，表现出明确的批判态度。他不仅表示"目击其苦，心窃哀之"，还积极投身天足运动，劝诫缠足，以"仁"的博爱胸怀为广大民众争取解放："吾既为人，吾将忍心而逃人，不共其忧患焉？"孟子曾说，"人之于身也，兼所爱。兼所爱，则兼所养也。无尺寸之肤不爱焉，则无尺寸之肤不养也❸"，近代中国的服装新观念正是以这样的"仁"为前提逐步构建起来的。一方面，新文化运动使西方人文主义思想传播进来；而另一方面，中国古老思想传统中的人文情怀也与此呼应而苏醒。不缠足思想在短短几十年间深入人心，女性及其藏在弓鞋里的双脚得以解放，从而换上了新鞋、新装，这些既是近代国人在西风东渐的社会潮流下觉醒的结果，也是具有人道主义特质的"仁"的复兴的表现。从最初的天足运动，到后来的剪发运动、天乳运动等（图3），"仁"始终是这些解放人的运动的重要思想基础。"凡是损伤自然的身体，而妨碍其发育，揉矫人为的形式以为美的行为，都是不人道的❹"，试想一个没有"仁"的传统的国家，又怎会关心身体发肤的损伤呢？

其次，"仁"是打破服装等级观念，树立简便、节用等近代服装新思想的基础。从繁复的绣衣、费料的百褶裙到简约的改良旗袍，以"仁"为本质的节用、实用思想引导着我国服装沿着不断简化的轨道走向近现代。"便于生活、利于动作、趋于简便❺""灵巧、美丽、简便❻"是近代国人普遍推崇的服装原则。近代思想家

❶ 韩非子[M]. 济南：山东画报出版社，2013：406.

❷ 墨子[M]. 开封：河南大学出版社，2008：229、246、105、345.

❸ 孟子[M]. 长沙：岳麓书社，2000：201.

❹ 飞黔. 束胸和穿耳[J]. 革命的妇女，1927（8）：14-15.

❺ 李瑞云. 谈谈健美[J]. 妇女生活，1932，1（11）：249.

❻ 毛吟槎. 男子服饰应改的我见[J]. 家庭，1922（7）：3.

们继承了墨子"仁者之为天下度也❶"的思想，继承了孟子"故圣人为衣服，适身体，和肌肤而足矣，非荣耳目而观愚民也"❷的思想，也继承了老子"是以圣人，被褐而怀玉❸"的思想。相对于前两人的"节用"观，老子的思想达到了更高尚的境界。衣服不好不要紧，只要咱们怀里有玉——显然这个玉也不是真的玉，而是指玉一般高洁的思想境界。所以在老子看来，贵族不贵族不在于穿了什么，不在于用什么礼器，不在于合什么礼制，而在于其内心世界是否高贵。此外面对时尚这个近代服装领域的新晋主角，中华民族所具有的勤俭、平等、博爱等"仁"者的传统美德更是一览无余。时尚本身不是坏东西，它有促进服装发展、使人的个性得以展现的正面作用，但盲目追求时尚却会造成奢侈浪费的负面影响。近代国人在倡导"新装"的同时纷纷强调了"衣服贵乎朴素"的观念，因为"男女衣服式样，时常改变……一经制就，式样又改，概成废物"实在是"有碍生计"❹，有悖"量腹而食，度身而衣"的传统思想，有悖当时

图3-1 名坤伶章遏雲剪发纪念，《北洋画报》1928年12月27日　图3-2 社交名媛李金容女士的新发型，《摄影画报》1934年第10卷第4期

基本民生问题尚未解决的社会境况。基于此，近代教育家邰爽秋以墨子般的仁爱之心领导了一场"土布运动"。他提出"我们看透中国的士大夫阶级都是因为一件长衫而不顾和平民为伍，所以要解脱去这因袭的束缚❺"的主张，倡导土布短衣以减弱服装等级的象征性；同时出于"认定每年穿着二十元土布便可以救一个人❻"的博爱观，他带头穿着经济实用的土布短装，并推行"实行社会节约，努力社会生产❼"的措施，为全民的幸福而奋斗。

2.从"异端"到"异服"

"异端，非圣人之道，而别为一端，

❶ 墨子[M]. 开封：河南大学出版社，2008：229、246、105、345.

❷ 孟子[M]. 长沙：岳麓书社，2000：201.

❸ 老子. 道德经. 第七十章[M]. 江苏古籍出版社，2001：193.

❹ 市商会呈请取缔奇装异服[J]. 妇女月报，1935，1（7）：28-38.

❺ 梁启超. 子墨子学说[M]. 北京：中华书局，1937：3、1.

❻ 愈冶成. 邰爽秋先生访问记[J]. 长城半月刊，1934（9）：167-170.

❼ 教育参考资料选择[M]. 教育编译馆，1933：63.

图4-1 女骑士，《中华》
1938年第70期

图4-2 泳装，《中华》
1936年第45期

如杨、墨是也**❶**"，儒家以外的思想流派均被古人视为异端。所以主张兼爱非攻的墨子是异端，倡导个性与自由的老庄是异端，反对礼教的"竹林七贤"以及李贽、李渔等后辈均是异端。然而，这些异端思想及异端者们勇于质疑权威的精神却是我国传统思想中极其宝贵的部分，它们为开创我国近现代自由穿着"奇装异服"的历史奠定了基础。

首先，人们在近代服装新面貌的塑造过程中重现了"异端"叛逆与不羁的传统，重新定义了"奇装异服"的观念，树立了服装自由的观念。张竞生率先提出反礼教的异端思想："衣服不是穿来做礼教用，也不是穿来做偶像用的证据**❷**"，打破

了服装等级礼制的正统思维。李寓一亦打破了过去认为奇装异服会"疑众"的主流观念："奇装异服四字为社会一般心理中概念，盖指异于寻常之奇装异服而言。但追本溯源，装饰只有美与新两种意味。新者皆奇皆异；非奇非异，无以见其新**❸**"。其实近代新装都是奇装异服，《良友》《玲珑》等期刊上刊载的大量旗袍、运动服、泳衣等种种新装束（图4），均反映了近代国人对新装的需求和人们对待奇装异服的态度。新装的风气自此一发不可收拾，以至于在三十年代重张"礼义廉耻"的新生活运动中，南京政府特地针对服装提出了"旗袍最长须离脚背一寸""袖长最短须齐肘关节"**❹**等硬性标准以期取缔奇装异服；然而，"不累于俗，不饰于物，不苟于人，不忮于众**❺**"的自由观念已经重新在人们心中生根，人们表现出不畏权威的理性，照样"根据自己的喜好来选择服饰**❻**"，并不理睬政府的限制。

其次，近代国人提出了舒适、实用、个性等服装思想，并以此为原则进行服装改良的具体构想与实践。人们认识到了自由的可贵，所以正如以"行为尊孔孟，思想服老

❶ 朱熹. 四书集注[M]. 长沙：岳麓书社，1987：81.

❷ 张竞生. 美的人生观[M]. 北新书局，1925：17-33.

❸ 李寓一. 美装新装与奇装异服[J]. 妇女杂志，1928，14（9）：24-30.

❹ 石瑛. 取缔奇异服装案[J]. 南京市政府公报，1934（143）：67.

❺ 庄子[M]. 开封：河南大学出版社，2008：432.

❻ 张朋川等. 瓷绘霓裳——民国早期时装人物瓷器[M]. 北京：文物出版社，2002：74.

庄"为人生信条的林语堂所言,"一切约束限制的东西我都恨❶",这正是"异端"思想的一种延续。于是限制女性活动的缠足行为及相应的弓鞋被抛弃了,人们提出了"鞋形宜与足相似。前端需宽大,使足趾得活动自由"等舒适性观念❷;"反自然,不卫生,与无美术的束奶头勾当"受到了批判,人们要求新式内衣具有"有托持双乳之利,而无压迫胸部之弊❸"等实用价值。

3.从"墨学"到"科学"

"墨学"是先秦时期的一大思想流派,虽然秦汉以后逐渐解体,但其学说却一直是我国传统文化的重要组成部分。墨学中的兼爱、节用等仁爱思想,以及其所秉持的"以名举实,以辞抒意,以说出故;以类取,以类予❹"等辩证唯物、实证分析思想,对我国古代科学的发展具有一定影响。宋代科学家沈括就曾研读并引用《墨子》中的相关理论以写作其科学论著《梦溪笔谈》。沈括在该书中相对理性地完成了古代少有的、政教之外的服装学说,其中包括胡服、幞头等服装形制与由来的论述,"短后衣""玄纁"等服装相关事物的"辩证"。只是这些论述分散在"故事""器用"等篇章中,没有以服装进行"类取"和归纳分析。这一点,在后来者宋应星的《天工开物》中得到了改善。在这本科学著作中,宋应星继承了墨学实证、归纳分析等思想与方法,在"乃服"和"彰施"中集中论述了丝、棉等纺织原料的制备过程与设备,以及"龙袍""布衣"等服装的原料与织法。虽然宋应星并未否定贵贱有别的主流服装观念,但其撇开礼教、纯粹针对服装本身进行科学研究的做法无疑为此后对服装的科学认识埋下了火种。梁启超有言:"今欲救亡,厥惟学墨❺",以"墨学"为起点的古代科学思想与外来的"赛先生"一起共同完成了近代服装新思潮的科学主义思想架构。

首先,在对服装的重新认识中,近代国人传承并发展了科学划分服装品类及归纳服装性能的理性思维。有人提出"衣服原料种类,可分植物物质原料,及动物物质原料两种",并进而将棉、麻等列入"植物物质原料",将毛、丝等列入"动物物质原料",随后再分别列出夏布、葛布等具体衣料品种,同时也将当时日渐增多的棉毛混纺面料、人造丝等列入讨论范围❻,这是从原料物质构成的角度来分析服装,与

---

❶ 林语堂.林语堂自传[M].石家庄:河北人民出版社,1991:2、71.

❷ 绍元.足部和鞋袜——着高跟鞋的亦宜留意[J].妇女杂志,1928,14(4):31-38.

❸ 绾香阁主.胸衣构造说明[J].北洋画报,1927-10-29.

❹ 墨子[M].开封:河南大学出版社,2008:229、246、105、345.

❺ 市商会呈请取缔奇装异服[J].妇女月报,1935,1(7):28-38.

❻ 民众化学生活[J].民众特刊,1933:7-9.

宋应星"属草木者为枲麻苘葛，属禽兽与昆虫者为裘褐丝绵"的认识一脉相承。又有人归纳分析了棉、麻、丝、毛等服装原料的优点与弱点❶，展现了服装自身的客观特性，与礼教无关、与等级地位无关，故每个人都可以根据自身适用与审美的追求来选用服装，"中官不衣纱縠绫罗，诸司小儿不服大巾❷"的等级规范就此成为无稽之谈。立足服装原料科学理性地认识服装，这是打破服装等级礼制思想的利器，同时也是传统的分类与归纳分析等科学思想在服装领域的续写。

其次，实证的思想在近代服装领域得到传承与重视。这包括两个方面，一为实验的思想，二为考证的思想。就实验的思想而言，其实，古代中国人在炼丹术中早已践行了实验的方法，并在唐代炼丹家的"伏火"实验中发明了四大发明中的黑火药。只是在古代历史的长河中，实验的思想并未战胜研读四书五经等圣人之言的学界主流。随着近代新思潮的涌动，"在事实上做工夫"成为"近世文明的特点""讲究观察和实验"❸的思想在服装领域逐步得到重视。人们

开始通过实验的方式认识各种服装面料的特性，如在原料成分的判定上，"（丝织品）在烛上焚之，其状如融化，如沸腾，在未焚之沿边，卷成黑色小球者，此为纯丝佳品也"，这是当今服装材料学中依然倡导的燃烧实验法；在棉织物色牢度的判定上，可通过对照实验的设定进行判断，其中包括将布料以"白色肥皂和温水轻洗之""入锅蒸之十分钟之久"等方法❹。这些服装实验中所传递的思想是近代国人科学精神的启蒙，并最终指引了我国服装的科学化与现代化。

就考证的思想而言，必须提及我国以研究经学为主的考据学，梁启超认为"其治学之根本方法，在'实事求是''无征不信'❺"，近代国人将这种思想转向了服装领域，重新认识并肯定了服装的价值，对服装的变迁展开了相对客观的考证与记录。许地山本着这样实事求是的科学态度，进行了服装学术研究。他搜集了不少古画的影印本和照片，做了很多卡片资料，进行了不少田野调查❻。他经常去逛寺庙，他认为庙里的泥塑木雕为后人研究古代服饰提供了可信的证据。张鸣琦回忆自己曾为了研究中国历代

❶ 农隐. 衣服与人体的关系[J]. 妇女杂志，13（1）：94-96.
❷ 欧阳修，宋祁. 新唐书[M]. 北京：中华书局，1975：532.
❸ 任鸿隽. 何为科学家[J]. 新青年，1919，6（3）：4-10.
❹ 黑士. 衣料鉴别法[J]. 妇女杂志，1921，7（9）：94-98.
❺ 梁启超. 清代学术概论[M]. 北京：东方出版社，2012：236.
❻ 周俟松. 许地山年表. 许地山研究集[M]. 南京大学出版社，1989：480.

服饰而去找过许先生[1]，可见许先生的准备工作已经做得很不错。在此基础上，许地山于1935年在《大公报》连载发表了的论文《近三百年来底中国女装》，还计划编写《中国服装史》。有意思的是，后来完成《中国古代服饰研究》的沈从文先生曾在1930年发表过《论落华生》一文（图5），沈先生于文中高度评价了许先生的文学成就，也肯定了许先生的“各种思想学问”[2]。所谓英雄所见略同，沈先生的大作也是以考据充分严谨而著称于世。“史学便是史料学[3]”，以史料为依据是包括服装史在内的历史研究的唯一科学态度，也是近代服装科学主义所遵循的原则。故有《妇女面饰涂黄考》，通过引用李长吉、张芸叟等古人的诗词歌赋论述中国古代女性妆容的历史[4]；故有《剪发考》，以“史记吴世家”“楚辞九章”等为依据，证明剪发行为自古有之以引导人们理性地看待剪发问题[5]。还有《戏装考略》，以“旧史书和小说图案、元曲选缀白裘等书上所绘的图”探讨了戏服中“巾”“盔”等服饰的由来[6]，进一步强调了考据的重要。

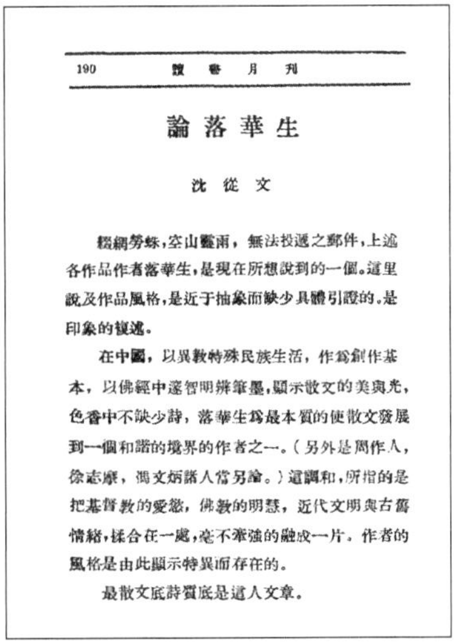
190　讀書月刊

論落華生

沈從文

網綢勞蛛，空山靈雨，無法投遞之郵件，上述各作品作者落華生，是現在所想說到的一個。這里說及作品風格，是近于抽象而缺少具體引證的。是印象的複述。

在中國，以異教特殊民族生活，作爲創作基本，以佛經中邃智明辨筆墨，顯示散文的美與光，色香中不缺少詩，落華生爲最本質的使散文發展到一個和諧的境界的作者之一。（另外是周作人，徐志摩，馮文炳諸人當另論。）這調和，所指的是把基督教的愛慾，佛教的明慧，近代文明與古舊情緒，揉合在一處，毫不牽強的融成一片。作者的風格是由此顯示特異而存在的。

最散文底詩質底是這人文章。

图5 沈从文：《论落华生》，《读书月刊》1930年第1卷第1期

四、传统文化与文化自信

文化自信，是我们对自身文化价值的充分肯定和对自身文化发展的坚定信心[7]，是相信我们的历史文化所具有的进步性。文化自信是我们把握优秀传统文化、树立民族个性、自主走向现代化的思想基础。在现代化的过程中，“西风东渐”的力量不可小视，但作为一个具有五千年历史的文明古国，我们积淀了深厚而优秀的传统文化，我们可以并且也应该有足够的文化自信来复兴我们的“中国梦”。

❶ 张鸣琦. 我与许地山先生[J]. 中国文艺（北京），1941，5（1）：18-19.
❷ 沈从文. 论落华生[J]. 读书月刊，1930，1（1）：203-208.
❸ 傅斯年. 史学方法导论[M]. 北京：中国画报出版社，2010：4.
❹ 妇女面饰涂黄考[J]. 玲珑，1935，5（27）：1811-1812.
❺ 少华. 剪发考[J]. 天津商报每日画刊，1936，21（30）：2.
❻ 戏装考略[J]. 大公报，1930-4-11.
❼ 刘淇. 提高文化自觉增强文化自信[N]. 人民日报，2011-10-15.

1.告别中世纪

人文主义与科学主义思想在新文化运动中正式以德先生与赛先生的名义进入我国，由此形成的社会新思潮对国人的思想解放以及我国近现代社会的再造产生了历史性影响。

从此我们告别了中世纪❶。封建社会的服装大格局是"天"定"礼"，"礼"定"服"，"服"从"礼"——人及其服装都被框定在"贵贱有等，衣服有别❷"的礼制中，且"衣重人轻"，人得按照礼制去穿衣服。这种格局至近代社会被打破，人成为支撑服装的内核，服装不再是维持礼制的工具。人也不再按照"礼"的规矩去穿衣服，相反可以自由地选择衣服。我国服装由此从一成不变、极尽规范的"宽衣文化"走向日新月异的近现代服装新文化。西风东渐而来的人文与科学思想对我国近代"变服"的基础性作用不可否认，但全面追溯近代服装新思潮的渊源，不论在人文主义还是科学主义的角度上看，均可窥见本土传统文化的缩影。胡适提出"研究问题，输入学理，整理国故，再造文明❸"的思想纲领，可见新文化运动并非要完全抛弃我国源远流长的传统文化，而是倡导在"输入"新文化的同时"整理"旧文化，以推陈出新的姿态进入现代文明。

首先，新思潮的核心——人文主义与科学主义是我们传统文化中原本就有的思想因子，如前所述，我们可以看到关注民生、关注百姓衣食的"仁"，可以看到不畏权威、以自由为上的"异端"，还可以看到唯物辩证、以实践检验真理的"墨学"，这些就是人文与科学思想在我们"国故"中的模样，只是长期的"边缘化"模糊了它们的样子，但它们的活力却始终潜藏着，只待人们拨开历史的尘埃，重新认识、关注它们。终于，辛亥革命打破了封建专制，新文化运动打破了思想专制，这不仅意味着外来文化有了进入我国的"入口"，也意味着传统文化有了进入近现代社会的"出口"。表面上看，新旧势不两立，"新文化"要反"旧文化"；但实际上，"新文化"要反的只是"旧文化"中的糟粕，所谓"整理国故"，自然不能丢掉"国故"中内涵着人文与科学思想的文化精髓，自然要将其加以研究、发展和运用，使其成为新思潮的一部分。故我们可以看到流淌在国人血脉中的"仁""异端"以及唯物辩证等传统思想文化在近代的苏醒，它们由"潜"而"显"，作为德先生、赛先生的内应被放大，使新思想真正落地并发挥其历史引导作用。

同时，近代新思潮积极吸收外来的先

❶ 袁伟时. 告别中世纪：五四文献选粹与解读[M]. 广州：广东人民出版社，2004：5.
❷ 梁启超. 变法通议[M]. 北京：华夏出版社，2002：15.
❸ 胡适. 新思潮的意义[J]. 新青年，1919.7（1）：12-19.

进文化，接纳人文与科学精神，使其与我国传统文化相融合，从而在理论上和实践中收到了更好的效果。作为"外援"，德先生与赛先生在新文化运动之初打开了禁锢我们优秀传统文化的思想牢笼，我们民族的人文与科学精神也被整理出来，与德先生、赛先生一拍即合，相互呼应成为时代思潮。于是，人们打破了贵贱有别的服装"礼"念，摆脱了小马甲和缠脚布等人性缺失的服装旧貌，推动了近代中国的"变服"运动，创造了百花齐放的服装风格与改良旗袍等中西合璧式的经典样式。它们吸收了收腰、做省等西式元素，但却不曾泯灭其中国特色，尤其是改良旗袍，至今仍是极具代表性的中国符号。我们能在短时期内取得如此成果，一方面是人文与科学精神自身的文化价值体现，另一方面则是得益于我们民族血脉中自带的优良基因经过激活后所迸发出的力量（图6）。

2. 新时代的德先生与赛先生

在近代中国完成曲折而壮丽的"变服"过程之后，一部分封建"糟粕"被扫进了历史的垃圾堆，一部分精美、精工的"精华"被请进了后世的博物馆。但德先生与赛先生的历史使命仍在继续，以此为基点的审美观、价值观与设计观仍是此后我国服装建设的出发点。

当然随着时代的变迁，"劝戒缠足""打倒小马甲"等都已经成为历史，前辈们已经在一定程度上替我们承担了对抗封建专制的重任。后世国人所要做的便

图6 中西元素大融合，《妇人画报》1937年第45期

是在前辈们举起的人文与科学的旗帜下继往开来，继续完成中国服装走向未来世界、走向现代化的使命。如何使服装设计更具新意、更时尚，如何使服装更合于人的身心发展、更有利于现代人的生活则成了当今服装的热点，而这些问题的解决始终围绕着前辈们所探寻出的思想真谛——人文主义与科学主义精神。现代服装设计中，设计师们不断推陈出新、着装者与设计者共同实现的交互式服装设计等实践，均是以着装者的心理需要、审美需要等为出发点；现代服装研究中，如牛奶纤维、竹炭纤维等在服装中的应用则均是基于其对人体健康、舒适等的积极作用，无缝内衣、防辐射服、防晒衣等的开发与研究亦如是。这些实践与应用反映了德先生和赛先生与时俱进的特质。此外，新时代下，德先生和赛先生还将引导我们解决如何改变"中国制造"以实现"中国创造"、如何树立有国际竞争力的中国服装品牌等时代课题。在这些新时代的服装问题上，我们任重道远。

总之，我国近现代丰富多彩的服装文化及其涵盖的服装观念并非完全源于"西风东渐"等横向交流，它们也深深扎根于我国博大精深、源远流长的传统文化的纵向继承。我们可以并且也应该重拾"衣冠王朝"，在理性认识传统文化的基础上去其糟粕、取其精华，"有机地联系现代欧美思想体系的合适基础，使我们在新旧文化内调和的新的基础上建立我们自己的科学和哲学❶"，重新构建具有本民族个性的服装新文化，再创新时代的服装经典。

张竞琼　江南大学纺织服装学院教授

　　1965年1月生，江苏省南通市人。《中国纺织通史》《中国大百科全书》的近代服装史栏目撰稿人。在第22届国际博物馆大会（即上海"世博会"）、第16届国际人类学与民族学联合会等学术会议宣读论文七篇；著有《从一元到二元——中国近代服装的传承经脉》等论著二十余部，主持或参与教育部人文社会科学基金课题等科研项目十余项，获高等学校科学研究（人文社会科学）优秀成果三等奖、国家"十一五"重点出版图书等学术荣誉十余项。策划、主持筹建了"江南大学民间服饰传习馆"。

许晓敏　江南大学艺术学硕士

　　发表论文《近代服装新思潮的传播》《从官民之差到城乡之别》《民国服装史料与研究方向》等，并参与撰写论著《近代服装新思潮研究》。

❶ 胡适. 先秦名学史[M]. 上海：上海学林出版社，1983：7.

淮南博物馆西汉北斗七星铜带钩探微

【摘要】

带钩是我国古代王公贵族、文人武士固定衣着、钩连腰带、佩挂小件兵器和装饰物件所用的饰品，其材质多样、造型丰富、纹饰精美、工艺精湛。淮南市博物馆藏有一件西汉北斗七星铜带钩，形制较为罕见。本文拟通过对带钩类别、发展、用途以及北斗七星在古代人们心目中的重要性等方面的研究，论证这件西汉北斗七星铜带钩丰富的文化内涵、工艺水平和重要的艺术价值。

【关键词】

铜带钩　西汉　北斗七星　造型与纹饰

在中国传统服饰品中，带钩是盛行于先秦两汉时期并沿用到唐宋以后生活中的常用饰品，起到扣接腰带、佩器佩物的作用，既有实用性，也有很强的装饰性，考古发掘多有出土，史书中也有不少记载，见于各代。

安徽省淮南市博物馆藏有一件西汉北斗七星铜带钩，系1975年11月20日由该馆文管人员从淮南废品回收公司铜库车间拣选而获。器物通长13厘米，重90克，"由七颗圆形铜球，模拟天空北斗七星，组成斗魁、斗柄，斗魁四星，斗柄三星，星与星之间依次由六根直径略小于星球径的圆柱体连接而成，在斗魁与斗柄相接的星球上置一蘑菇状纽扣，经有关专家鉴定为二级文物"❶。该带钩形制罕有，值得研究（图1）。

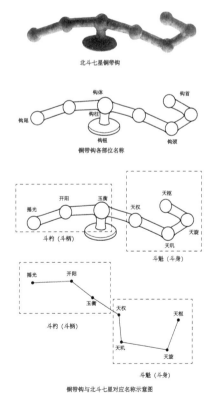

图1 西汉北斗七星铜带钩分析图

❶ 徐孝忠. 北斗七星铜带钩与北斗星[J]. 文物天地，1998（2）：23—24.

一、带钩概述

我国目前已知最早的带钩，是浙江桐乡金星村出土的新石器时代玉质带钩，良渚文化遗址出土的玉带钩有10件之多。春秋、战国、秦汉时期已广泛流行，至唐宋以后仍在使用。东汉、魏晋时期的文献资料里，对带钩已有记载。《史记·齐太公世家》记有"带钩"之词，带钩还有其他的称谓，《汉书·匈奴传》颜师古注："犀毗，胡带之钩也，亦曰鲜卑，亦谓师比，总一物也，语有轻重耳"。"师比：《战国策·赵策》：'赐周绍胡服衣冠具带黄金师比，以傅王子也'。延笃云，'师比，胡革带钩也'" ❶。《淮南子·说林训》记有"满堂之坐，视钩各异"，这里的"钩"即"带钩"，形容满堂的宾客，衣上所用的带钩式样却各不相同。

带钩的结构大都由钩首、钩纽和钩体组成（图2），主要有琴形、棒形、匙形、竹节形、蛇形、圆形、兽形、琵琶形、鸟形及虎形等，多有小钩和纽，还有一些为异形结构。带钩的材料以铜、铁、金、银、玉为主，还有少量的石、骨、木、陶质和琉璃等，可谓式样繁多，材质丰富。

有的制作工艺非常精美，有镶玉、鎏金、金银错等华丽的装饰。

带钩主要用于钩系束腰，还可用来钩挂武器、镜子、佩饰等随身物件，有祥瑞、发瑞、祈福等寓意。腰带有多种材质，以皮革、玉质和布帛为主，使用方法大致有三种：①比较普遍的用法是将钩纽嵌入革带一端，钩弦向外，与腰腹弧度贴合，钩首钩挂在革带另一端的穿孔中；②将两个或更多相同规格的带钩并联起来使用；③带钩并不直接穿钩在革带上，而是在革带一端先置一环，钩首挂在环上 ❷。

带钩在我国20多个省区都有出土，在安徽发掘的汉代墓葬出土日用铜器中，铜带钩也比较常见，多为王公贵族所用 ❸。淮南市博物馆所藏的北斗七星铜带钩也应是一件贵族用品。

二、我国早期北斗信仰

在我国古代星象授时体系里，北斗星有着特殊的意义。考古发掘显示，北斗信仰在我国有着非常古老的渊源。内蒙古翁牛特旗白庙子山发现距今万年的新石器时代早期北斗七星岩画；距今五六千年前的

❶ 王仁湘. 带钩概论[J]. 考古学报，1985（3）.

❷ 王仁湘. 古代带钩用途考实[J]. 文物，1982（10）.

❸ 李湘. 安徽地区汉代墓葬研究[D]. 合肥：安徽大学，2010.

濮阳西水坡45号墓墓主北面足下，有一蚌壳堆塑的三角形与两根人胫骨构成的北斗形象，蚌塑三角形代表斗魁，胫骨代表斗杓。现藏于南京博物院的商周殷墟甲骨文里，就有对于祭祀、宗教、征战、世系、人物、职官、天文、历法、气象、地理等方面的记载，其中有不少关于北斗信仰的信息。我国现存最早的一部汉族农事历书《夏小正》记录了依据北斗星斗柄所指的方位来确定月份。许多先秦文献中对北斗星均有记载，如《诗经·小雅·大东》有"维北有斗，西柄之揭"，《楚辞·九歌》有"操余弧兮反沦降，援北斗兮酌桂浆"，《尚书》亦有"旋、玑、玉衡主宰日、月、五星运行"，说明那时的人们不仅关注北斗，并且已经初步掌握了北斗七星的运行规律。

此后，北斗信仰进一步发展。《史记·天官书》有言："北斗七星，所谓'旋、玑、玉衡以齐七政'。杓携龙角，衡殷南斗，魁枕参首。用昏建者杓；杓，自华以西南。夜半建者衡；衡，殷中州河、济之间。平旦建者魁；魁，海岱以东北也。"北斗七星的星名从斗身

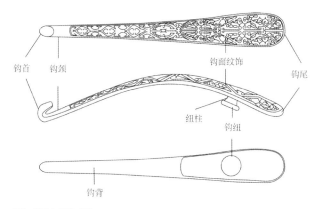

图2 带钩各部位名称

至斗柄依次为天枢、天旋、天玑、天权、玉衡、开阳、摇光，前四星构成斗魁部分，后三星构成斗杓部分。关于七政，有几种说法，其中引司马迁所说，指由北斗星观察人间政事。裴骃集解引马融注《尚书》云："七政者，北斗七星，各有所主：第一曰正日；第二曰主月法；第三曰命火，谓荧惑也；第四曰煞土，谓填星也；第五曰伐水，谓辰星也；第六曰危木，谓岁星也；第七曰剽金，谓太白也。日月五星各异，故曰七政也。"《尚书大传》卷一："七政，谓春、秋、冬、夏、天文、地理、人道，所以为政也。人道政而万事顺成。"将北斗与时间、阴阳、五行、节气等联系起来，其含义渗透于生活的方方面面。可见北斗在秦汉时期并非单纯的天象，而是常常服务于政德，附会于人事。

从先秦到两汉，星占家根据所观察到的北斗星的星位、明暗等变化而进行占验。战国文献《甘石星经》云："决日，王有德至天，则斗齐明，国昌，总暗，则国有灾也。"意为，如果七星明亮，国将吉祥；七星都暗淡，则国将有灾难。《淮南子·本经训》里记有："瑶光者，资粮万物者也。"高诱注："瑶光谓北斗第七星也。居中而运，历指十二辰，槌起阴

阳以生杀万物也。一说瑶光和气之见者也"❶。可以看出摇光星的明暗与生杀万物相对应。《后汉书·天文志》也详细记载了北斗七星变化在不同年份、日期的状态，并将它与人间的重大事件相联系。随着道教的兴起与发展，结合占星术，北斗信仰不断得到发展和升华，北斗七星被人们奉为神明，祈斗禳灾，趋利避害。

三、汉代北斗七星带钩实物示例

汉代北斗七星纹样的带钩较为罕有，迄今为止仅发现几件。例如，酒泉市博物馆收藏了一件北斗七星造型的汉代铜带钩，属国家馆藏二级文物，器体通长15.4厘米，形似七颗星子的乳纽依次排列在带钩上，斗魁四星，斗柄三星，构成天空北斗七星造型。广州南越王墓共出土了36件带钩，其中有一件是七星纹龙形银带钩，现藏于西汉南越王博物馆。这件带钩通长8.3厘米，宽2厘米，纽径1.6厘米，有龙头形钩首，颈部细长，钩身是龙的变体，装饰着浮凸北斗七星勾连纹，线条流畅（图3）❷。与以上两件相比，安徽淮南市博物馆收藏的这件汉代七星铜带钩，由斗魁、斗柄共

七颗星球组成，每个星球之间有铜柱连接，呈北斗七星状。在斗魁和斗柄连接的那颗星球处设置一纽便于固定。整个形态显得更加简洁，使人一目了然。

在汉代，佩戴使用带钩的人大多有一定的身份和地位，安徽地区出土的汉代墓葬随葬品中所见带钩数量的多少，与墓主身份的高低有直接的关系。据研究，所发掘出的铜带钩，基本出现在诸侯王、列侯和地方高官豪吏的墓葬中。汉代权贵深信，北斗能指引其治理人世。"北斗在中国神州范围之内是王室的专属，平民及普通贵族禁止使用"❸。因此，这柄带钩的主人归属为诸侯王或列侯是可信的。

四、带钩与北斗七星纹饰

我国古代，北斗七星纹饰较为流行，以汉代为例，多见于壁画、画像石、画像砖、厌胜钱、解注瓶、斗城、式盘等，器物可归纳为天象图类、厌胜器类、星占类及其他四大类型。另有新都北斗形汉墓群，呈北斗形分布，当地人称"七星墩"。

有学者认为带钩有厌胜（压胜）作用。"厌胜"一词出自《汉书·王莽传》："莽亲之南郊，铸作威斗。威斗者，以五

❶ 焦海燕. 两汉北斗星的文化考察[J]. 咸阳师范学院学报，2009（5）：26-29.

❷ 肖华. 南越王墓共出土的金银器[J]. 收藏拍卖，2005（10）：50—55.

❸ 朱磊. 中国古代北斗信仰的考古学研究[D]. 济南：山东大学，2011：73.

石铜为之，若北斗，长二尺五寸，欲以厌胜众兵"，后演变成了古代方士的厌胜巫术。《东观汉记·卷九传四·邓遵》："邓遵破诸羌，诏赐邓遵金刚鲜卑绲带一具，虎头鞶囊一，金错刀五十，辟把刀、墨再屈环横刀、金错屈尺八佩刀各一，金蚩尤辟兵钩一" ❶，意为带钩上有蚩尤纹饰，有辟兵作用。汉代还出现了许多使用北斗七星和带钩纹饰的厌胜钱（图4），厌胜钱是人们避邪祈福、驱鬼除邪、求取吉祥的佩带赏玩物。

带钩上之所以使用北斗七星的造型或纹饰有以下两方面的原因：

其一，古人视北斗为皇权的象征。《史记·天官书》："斗为帝车，运于中央，临制四乡。"《甘石星经》："北斗星谓之七政，天之诸侯，亦为帝车。"帝王坐着北斗七星视察四方，定四时，管理人间百事。山东嘉祥武氏祠的东汉中期画像石"天帝出行图"和"北斗帝车图"，绘出了北斗七星形的"帝车"，斗魁为车舆，斗柄为车辕，车下云气缭绕，车上有帝王，正巡视四方，接受众仙官参拜行礼（图5）。其二，在汉代人的信仰中，北斗与日月星宿、地界五行都有关联，根据北斗魁杓所指，可预测人世间的吉凶祸福。星占学中，星象多起兆示灾异的警示作用，而北斗则有吉祥含义。纬书《河图帝览嬉》记有："斗七星，富贵之官也；其旁二星，主爵禄" ❷。北斗第七星瑶光被认为是祥瑞之星，《淮南子·本经训》："瑶光者，资粮万物者也"。高诱注："瑶光，谓北斗杓第七星也……一说，瑶光，和气之见者也。"另外，汉代人认为北斗能主管人类的寿夭，有生杀大权。《汉书·天文志》："……流星如月……抵北斗魁，有所伐杀"，"南斗主生，北斗主死"，汉代人要想死后灵魂升天，就要祈

图3 广州南越王墓七星纹龙形银带钩

图4 铸有北斗带钩图案的厌胜钱示意图

滕州市汉画像石馆藏
"北斗星象图"局部

山东嘉祥武祠出土东汉
"北斗星君"画像石局部

图5 汉代北斗星象图局部示意图

❶ 刘珍，等. 东观汉记校注[M]. 吴树平，校注. 郑州：中州古籍出版社，1987：305.
❷ 安居香山，中村璋八. 纬书集成[M]. 石家庄：河北人民出版社，1994.

求北斗护佑，避免妖魔鬼怪的侵扰，因而祭祀北斗的葬俗较为流行。带钩上采用北斗七星的造型或纹饰与占星术有明显的关联，旨在祈求吉运与灵魂的安宁。

五、小结

淮南博物馆珍藏的这件西汉北斗七星铜带钩，在构思上运用北斗七星的自然形象，巧妙的设计出便于钩连衣服、佩挂饰物，同时符合带钩特点的造型。既显出北斗七星的天象，又符合带钩常见的曲形。这柄造型简洁、明快的七星铜带钩，综合

了古代人们的北斗信仰和其引申出的内在寓意，寄托着古人对天地的敬畏之心，昭示了持有者借天象沟通天地、人神的信仰。其制作工艺虽不如同时期一些错金银、透雕器物复杂精湛，但亦线条流畅，浑然大气，钩体表面七颗星球饱满，联结星球之间的柱体圆润，虽无其他装饰，但仍能展现汉代江淮地区铜铸的工艺水平和艺术价值，彰显出当时生活在江淮大地上王侯贵族的生活情趣和精神追求。

【本文为基金项目：南京农业大学人文社科探索项目（SKTS18）研究成果】

【参考文献】

[1] 中国玉器全集编辑委员会.中国玉器全集1: 原始社会[M].图209, 石家庄: 河北美术出版社, 1993.

[2] 王仁湘.4000年前的系衣束带方式——良渚文化玉带钩[J].文物天地, 2001(6).

[3] 吴甲才.内蒙古翁牛特旗白庙子山发现新石器时代早期北斗七星岩画[J].北方文物, 2007(4) : 1-5.

[4] 冯时.河南濮阳西水坡45号墓的天文学研究[J].文物, 1990(3) : 52-56.

[5] 司马迁.史记卷二十七: 天官书[M].

[6] 郭俊峰.寓意天文星宿的铜带钩[N].酒泉日报, 2010-10-12.

作者简介　　廖晨晨　南京农业大学人文与社会发展学院教师

毕业于同济大学、米兰理工大学。主授课程有视觉设计基础，文化产业概论。设计作品获得江苏省紫金奖二等奖和三等奖。

参与多本图书的编著工作，如《中国设计全集·服饰类编·衣裳篇》《中国设计全集·服饰类编·容妆篇》《中国当代设计全集·服饰篇》《服饰配件艺术》等。发表学术研究论文多篇。

民族服饰

日常中的道

——一件苗族衣服背后的造物观

【摘要】

通过分析贵州省黎平县邓蒙苗寨的一件女上衣，我们可以得知，在衣服方形的裁剪结构和简约的装饰方法背后，蕴含着中国传统设计中"节用"与"慎术"的思想与造物观，技艺背后的智慧与情感，体现着先人的远见与慈悲。世代相传的古老设计方法，是现代设计可以借鉴的法宝。

【关键词】

苗族服装　芦笙衣　极简设计

一、缘起

2018年暑假，我再次带团队去贵州进行田野考察，这次主要考察少数民族服装的结构与裁剪方法。在黎平县邓蒙苗寨，碰到一位还存有旧式衣服的老人，衣服是这位老人自己做的，属于盛装。我们请老人穿了整套衣服，记录了衣服穿着的过程。

这件衣服称为"芦笙衣"，跳芦笙舞时要穿的衣服，她说只有穿着这样的衣服，才能进入跳芦笙的场子。在重大喜庆的节日、丧葬、祭祀等活动中会举行跳芦笙活动。"芦笙衣"她们称作"喔嘀"（音译），"喔"指衣服，"嘀"指挂在背后长飘带上的鸟的羽毛。自称"嘎呐"（音译）的苗族支系，崇拜凤鸟，穿着有鸟羽的衣服表示认祖归宗，鸟是与祖先沟通的媒介。

服装上的装饰纹样是用数纱绣和拼布工艺制作而成的。上衣的领子、袖子、翘肩部分有几何纹样装饰，都以"九宫格""米字格"的结构排列。后背过肩部分下接数条长长的垂带，有花有素，间隔排列，结尾处接一个内有填充棉絮的三角形装饰，下坠白色羽毛，走起路来垂带摇摆飘逸、富有动感。对襟上衣内穿胸兜，胸兜上部有精细的数纱绣和平绣花纹。下

图1 盛装各角度的穿着效果

着黑色百褶裙，外系方形"九宫格"结构的花围腰（图1）。上衣连肩、连袖结构，前短后长。肩部加一块布，形成翘肩，显得精神。我们很想买下这件衣服，仔细研究衣服的结构。但老人不舍得卖，因为她也只有这一件了，要留作忆念。

随行的苗族小伙儿雷洪斌，也是我们考察组的顾问，他敏锐地发现在屋子的角落里，一堆看似垃圾的东西中有黑色布料，捡起布料，抖抖灰尘，发现是一件比较完整的黑色上衣，领部、侧缝处有少许刺绣装饰，雷洪斌说这种衣服是以前结婚时穿的。衣服很脏，皱皱巴巴的，展开后发现结构与那件盛装一样，只是没那么多装饰。这件旧衣服老人早就不穿了，准备拿去"烧火"，就是拿去烧掉的意思。问她能不能卖给我们？老人说这件不要了，

要买就给20元吧，我们给了老人50元。回来后轻轻地洗了一遍，衣服现出本来的面目，有虫卵结网的地方，撕掉结网后，布料已被腐蚀成破洞了，其他地方还很结实。仔细察看这件衣服，发现非常讲究，结构简单，制作方便，每个细节的设计各得其所，装饰不多但很有特点。

二、简单易学的裁剪与缝制

这是一件薄棉衣，面子是硬挺厚实的青黑色棉布，里子是柔软的蓝色棉布，都是手工织的，靛蓝染色。前衣襟处有一段开线破损，从开线处可以看到衣服夹层里的填充物，仔细观察和触摸，发现衣服后片整片填充了丝绵，而衣服的前片和袖

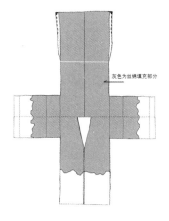

灰色为丝绵填充部分

图2 薄棉衣

图3 薄棉衣正面

图4 薄棉衣背面

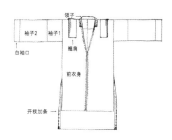

领子
袖子2 袖子1
白袖口
翘肩
前衣身
开衩加条

图5 薄棉衣正面线图

子，只有上半部分填充了丝绵，下半部分没填丝绵（图2）。丝绵填充以渐渐变薄的方式平顺结束，由于面料密实硬挺，表面看不出有厚薄的差异。后背和前胸、袖子上部填充丝绵，具有保暖功能，没有填充丝绵的下半部分，穿着轻便美观，便于活动，适应性更强。

这件衣服很瘦小，可能是老人年轻时穿的，图3、图4是衣服的前后效果。

衣服连肩、连袖，呈"T"型结构（图5、图6）。"前衣身""后衣身"由左右2片长方形面料组成；"翘肩"由左右2片长方形面料组成；"袖子1""袖子2""白袖口"由3片长方形面料组成一只袖子，两只袖子共6片；"领子"为1片长方形面料；后背的"过肩"为1片长方形面料；两边的"开衩加条"，由2片长方形面料组成。共12片长方形面料组成整件上衣。

只有前衣片领部需要斜向剪一刀，剪掉前衣领处一小片布，形成V领状。

自织土布的幅宽为23.5厘米。衣身左右各用一幅宽的布料，去掉两边的缝头，23.5厘米就成了22厘米（以下按净缝计算），22厘米乘以4，衣服的胸围就是88厘米；每只袖子长度用了一幅半布料，22厘米加11厘米等于33厘米，再加白色袖口5.5厘米，一只袖长就是38.5厘米；两只袖长加衣身就是通袖长，即38.5厘米加44厘米加38.5厘米等于121厘米。前衣长71厘米，后衣长83厘米，横领宽16厘米，袖口宽16厘米。测量均为净尺寸。

衣片缝合均为直线拼合，工艺技巧相对简单，平直对齐缝合即可。"翘肩"部分长条形的布料，纵向骑在肩部。"翘肩"靠颈部的内侧与衣身缝合，靠肩部的外侧和下端不缝合（图7）。平放时"翘肩"与衣服贴合，穿着后由于人体的肩斜度，翘肩外部没缝合的部分会离开肩斜翘起来，显得精神，穿着效果见图1。

小立领高2厘米，长24厘米，立领在前衣片V领口上半部分的位置（图8）。V领下半部分"毛边"缝合，能看见里面填充的丝绵，看起来像没做完的未完成品（图9）。以前也见过苗族服饰在制作时会留一些"不做完"的痕迹，刺绣、蜡染纹样有"不画完"的，每个步骤留一点；百褶裙两边、衣服领口下端也有"不做完""毛边"和"有意不缝合"的。问了苗族妇女才知道："喔！不能做完，小时候妈妈说做完了眼睛会瞎的！""……不要做完，等我来生看到就知道怎么做的"。每到一个地方，碰到这种"不做完"的手艺，我都会问一问，回答基本相同，也有说手艺越好的人，越不能做完，每一道工艺的程序都留一点"不做完"，目的是留下工艺的线索，让后人看出制作的过程和步骤，是为了给新手做样本，是一本无字的教科书。这种古老传承方式背后的智慧和情感，谁听了都会为之动容，是先人的远见与无量的功德。在我看来学习传统也是一种有关无私、无我的德育。

　　侧开衩后片加布条，长32厘米，宽1.5厘米。一般衣服侧开衩不另加布条，这种做法不常见。加上布条增强了后片的层次感和硬挺度，感觉更加精致，在上面做装饰也显得合理。一般开衩做法将前后衣片开衩上端对齐缝合即可，这件衣服将前片向前倾斜约60°，再与加出来的布条缝合固定（图10）。这样的做法应该是考虑到衣服穿着时前衣片会在胸前略有交叉，开衩处这样缝合穿着会更加平顺、合体。

　　综上所述，我们了解到衣服的结构比较简单，直线为主，尽量减少裁剪，初学者能迅速理解和掌握。手工织造布料，布幅宽度有限制，在合理的范围内设计布料的宽度，

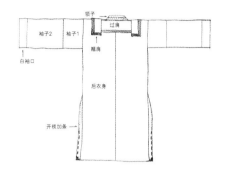

图6 薄棉衣背面线图

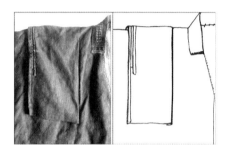

图7 翘肩只缝合内侧，外侧和下端不缝合

图8 小立领部分有变化　图9 V领下半部分毛边缝
的刺绣　　　　　　　合，露出里面的填充物

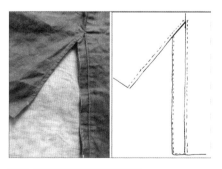

图10 侧开衩前片向前倾斜的效果

图11 翘肩正背和过肩处的镶滚装饰

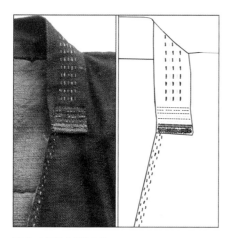

图12 立领部分装饰效果

图13 开衩后片底部装饰

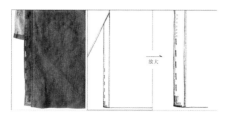

图14 侧开衩后片装饰下半部分

平衡尺度与衣服之间的比例关系，才能实现"最少剪裁"和"最少拼接"。特别是单层的衣服，运用整幅布料，原布边对齐缝合，可以省去裁剪处的锁边或包边的工序，制作更加简单便捷，衣服更加稳定，不易变形，结实耐用。

在过往的考察中，经常看到苗族妇女用同一件衣服装扮不同的人，通过改变衣服重叠的量、改变系扎部位的高低和松紧度等手法，使一件衣服可以适合不同的身高和体形的人，穿着得体大方，具有风格特征。在朴素、极简的表象下，适应性强、灵活多变才是它的灵魂所在，满足功能的同时又有礼仪感，这就是东方造物精神与美学导向的体现。

朱子有云，"一粥一饭，当思来处不易；半丝半缕，恒念物力维艰。"通过实地考察，真切感受老婆婆假昏花之目力，织出一块布料的不易，再思忖种棉、种麻、捻线、纺织、染色等过程所付出的努力与艰辛，乡村妇女那种舍不得轻易裁剪与废弃布料的心情也就能理解了。简洁整一、尽量减少裁剪的制衣方法，看似有关技艺与形式，实则是先人的"惜物""节用"的观念与情怀。

三、节制的装饰与微妙的韵律

装饰不多，仅在领子、门襟和侧开衩部位。手艺精良，装饰趣味古雅。

翘肩和过肩有镶滚装饰，与衣服面料是同一种布料（图11）。滚边宽约0.3厘米，镶边宽约0.15厘米。翘肩边缘滚边，紧挨着镶三条细边，镶边从后面过渡到前面时，变成有节奏、长短不一的效果。布料长一点、短一点都能用。后背过肩底边滚边，之后镶5条细边，第一条镶边与滚边紧挨着，成为一组。另外4条镶边，每两条为一组。每组镶滚装饰之间略有间隔。

翘肩和过肩同为镶滚装饰，但镶滚布条的宽窄不同，排列间隔距离和镶边长短的变化微妙有趣，制作轻松、随意。

领子部分彩色刺绣（图12），立领装饰分为横向与纵向两部分。横向装饰为红色密实的刺绣以锁边的方式固定边缘，紧挨着刺绣蓝色辫子状针法；之后是红白色相间的六排横线，直线与倒三针相间隔。横向装饰在2厘米见方的面积里，有4种针法变化，3种颜色变化，虚实疏密错落有致。装饰起到了固定领端，交代结构、承前启后的作用。立领中间部分有纵向装饰，两边留有余地，刺绣红白相间、等距离的竖线，针脚比横向部分大些。整个立领的装饰，通过方向、色彩、针法、纹理有节奏的变化，形成生动有趣，有区别又统一的整体效果。

"V"领剪掉的部分，用红白两色丝线错位绗缝三排线迹，封紧领口，不会露出里面的丝绵。

侧开衩的后片刺绣很特别，边缘缝红色直线，增加牢度和平整度。加出布条的部分，底部用红丝线锁绣，形成"L"型，与藕荷色带白边框的"L"型和红白相间的十字纹"L"型，组成一个更大的"L"型（图13），显得美观厚重，结实耐用。

"L"型刺绣以上，有5段直线纵向排列，每段长1.5厘米，红白相间，辫状针法刺绣；接下来是两条并排的"倒三针"针法刺绣，一条红一条白。两种刺绣，形成了由下至上"大小""多少""虚实"的渐

变，再往上无装饰（图14）。使得开衩部分的装饰整体有往上生长的意向（图15）。

极简的衣服结构，节制而变化丰富的装饰，张弛有度、古雅大方。

每一位聪明智慧的苗族妇女，都会在自己的衣服上装饰心中的图式，赋予每一件衣服独特的个性。遵循先人留下的制衣模式和程序，在有限的条件下，经过长期不断地摸索与实践，苗族妇女按自己的理解和喜好，创造出丰富多样的装饰纹样。不需要打草稿，拿起布就绣，每一件衣服都是独一无二的，就像一棵树上没有两片完全相同的树叶一样，但具有识

图15 侧开衩后片装饰

别性，有同宗同源的结构与符号。

四、结语

用最简化的方式，解决最根本的问题，满足多样化的需求。民间的智慧是传统技艺传承的要义，是日常中的道。它揭示了大自然节省、多样、不徒劳的基本原则与天道。传统制衣技艺，需要我们放下自以为是的身段，谦卑下来，用心去体会，就会找到当代设计可持续的方向和切实的方法。

一件看似平常的衣服，体现了中国传统极简设计的原则——用尽可能少的元素表达更加丰富的效果，并满足功能。再现了中国传统造物中的"节用"与"慎术"的造物观。《论语·学而》中孔子云："道千乘之国，敬事而信，节用而爱人，使民以时。"大到治国之道，讲轻用民力，不违农时，顺应自然。小到苗族制衣方法，"节用"体现在对材料的爱惜，对技艺的尊重，同样是对民力的爱惜。苗族制衣，"慎术"体现在简单易学，不炫技、不滥用技术、不暴殄天物。因为做衣服是每一个女孩必须掌握的技艺，嫁人以后要负责一家人的穿衣任务，是她们生活的重要部分。因此，技艺的普适性，在简单的程序中寻求变化，是一代一代人的传承过程的核心。

明代思想家王艮说过，"百姓日用即为道"。为了在日渐西化的语境中不迷失我们自己的文化来源与未来方向，走向田野、向传统学习是重要的途径，传统服饰文化是博大的设计灵感源泉与基因库，将传统的服饰资源转化为设计生产力，创新设计才能有依据、有来源，我们的存在也才能落地、踏实、自信、独特，因为所有的生长都是自下而上的。

作者简介　贺阳　北京服装学院教授、博士研究生导师

北京服装学院民族服饰博物馆馆长。专注中国服饰研究，主要研究方向为：中国服饰传统中"节用"与"慎术"造物观，"人与物""器与道"之间的关系，服饰礼仪、功能、材料与技艺，当代中国服饰创新设计等。主持多个科研项目、艺术策展，发表多篇论文，出版多部学术专著。

黔东南荔波地区白裤瑶服饰艺术探析

【摘要】

在对黔东南荔波地区白裤瑶历史沿革、生活方式和服饰艺术进行实地调研的基础上，对其与众不同的传统服饰装束和图案作了较为深入的研究和探析。

【关键字】

黔东南　白裤瑶　服饰艺术

瑶族是中国的一个少数民族，与苗族同源，历史上曾被泛称为"南蛮"。瑶族人普遍认为自己是蚩尤的后裔，早在秦汉时期，瑶民就逐渐从江汉地区向西南迁徙到湘江和沅江流域，形成了各自独立的族系和服饰体系。唐宋时，瑶族被称为"蛮徭"或"徭人"，主要生活在湖南和广西东北部。据记载，明代时荔波境内已有瑶族居住，当时荔波归属广西庆远府，到清代雍正十年，在政府"拔粤归黔"时将原属广西的荔波、罗甸、望谟等地归入贵州管辖，《清史稿·地理二十》记："（雍正）十年，改河池州荔波县隶贵州都匀府"❶，原来居住在此的瑶族民众隶属贵州。

每个民族在语言、称谓以及生活习俗上都会承袭本民族的传统而具有共性，又因其支系和所处的地域不同而出现差异并形成个性特征。瑶族与其他民族一样，在长期的迁徙过程中，服饰在固守本民族文化生态的同时，也会受到途经之处服饰形式的影响而产生一些新的变化。瑶族支系颇多，白裤瑶是其中的一支，因其着白裤而得名。

一、刀耕火种自织自染的生活方式

贵州荔波县瑶山乡拉片村的瑶族，是一支被称为"努格劳"的白裤瑶，这里的男子穿着白色的大裆裤。在历史上，白裤瑶人常年生活在大山深处，以狩猎获取必要的食物。迁徙到瑶山后，生活

---

❶ 赵尔巽，等. 清史稿（全48册）[M]. 北京：中华书局，1977.

逐渐稳定下来，开始了自给自足的生活方式，男人们打猎、耙田，妇女们种地、喂养牲畜、纺织、缝绣，同时还要操持家务……衣着服饰的制作和穿戴仍然沿袭着先民们自纺自织、自染自裁、自缝自绣的古老传统，原生态的生活状况自然纯朴。

相对封闭的生活方式致使白裤瑶民们鲜与外界沟通，具有较为独立的生活空间和生活习俗。白裤瑶的妇女自己种植棉花，养蚕采丝。采收的棉花经手工纺成棉纱后，再织出50厘米左右宽的棉布。在白裤瑶的《送女歌》里这样唱道："古有密样（是瑶族古歌中种棉麻做衣裳的女神）种棉麻，传给后人做衣裳。后人绣花又织锦，留给世人巧梳装……"❶棉布织好后被染成黑色和蓝色，以及胶浆染的有花纹的"瑶斑布"。白裤瑶的女孩子从十多岁开始学做胶浆染布，她们采集当地的一种粘膏树胶，和牛油混合后熬制成黏稠的胶状物，再用铜片刀蘸上胶汁画在白色的家织棉布上，所绘的纹样以几何形式为主，辅以植物和动物纹，纹样以对称居多，工整而精细。待胶汁冷凝后，将布料放在蓝靛染料里染色，再进行后处理，清洗晾晒，经过染整的布料才能用来做衣服。

二、特色鲜明与众不同的服饰装束

拉片村白裤瑶的服饰有着独特的样式和美感，男子所穿日常服装的基本色彩是上黑下白，上衣是黑色家织棉布做成的对

图1 白裤瑶男子服装图
（服装实物为作者拍摄）

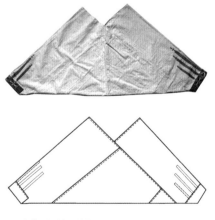

图2 白裤瑶男裤及结构示意图
（图为作者绘制）

❶ 蓝怀昌，李荣贞. 瑶族歌堂诗述论[M]. 南宁：广西人民出版社，1988：42.

襟短衣，蓝色布镶宽边，侧摆开衩。无扣，穿着时叠襟后用绣花腰带系结，领口、袖口、下摆等处都绣有美丽的花纹。下穿白色棉布做成的大裆裤，外观呈三角形，拼有大裆，裤长及膝，两裤腿口各有一小片布锁口，两裤腿外侧各绣有五条长短不一的纵向红色纹样。双腿系白色布做成的绑腿，再以绣有花纹的带子捆绑（图1、图2）。刺绣纹样丰富，色彩鲜艳，充分表现出当地民众的心智与聪慧。

女子穿着的日常服饰造型独特，清李文琰修《庆远府志》卷十《杂类志·琐言》记载：南丹、荔波一带的瑶族妇女"不独衣裳不相连，而前胸后背，左右两袖，俱各异体，着时方以钮子联之"❶，衣服的基本色彩是上黑下蓝，夏天穿着的上衣称为"背牌"或"挂衣"，前后各一片，前片为纯黑色棉布做成，基本无装饰，后片用蓝色棉布做成，在蜡染图案上复加彩线刺绣，肩部和两侧腋下镶嵌宽边，用彩绣腰带系结。裙子为及膝的百褶裙，蓝色棉布，红色缘边，中间蜡染黑色的条状花纹。裙面用树汁画染成三组环形图案，裙边用红色无纺蚕丝片镶边。前面的腰间有一块长方形的蓝边黑布，既美观还可用以遮挡百褶裙的接缝。双腿以黑色棉布缠裹，再以绣花带子绑定。冬天她们上穿黑色长袖衣，或在"挂衣"内穿一件长袖套头衣（图3、图4）。

在拉片村白裤瑶的传统习俗中有"包头禁发"的形式，据东汉应劭《风俗通义》❷记载，此与槃瓠由犬变人的过程中毛发未全部脱尽的故事有关，以布裹头的习俗一直留传至今。通常当男女成年时便

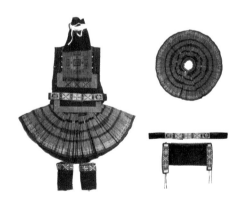

图3 白裤瑶女子服饰
（服装实物为作者拍摄）

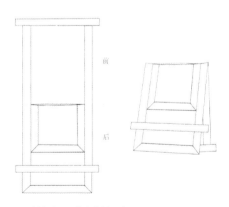

图4 白裤瑶女子挂衣结构示意图
（图为作者绘制）

❶ 李文琰修. 庆远府志·杂类志·琐言[M]. [清]乾隆十九年。

❷ 应劭. 风俗通义校释[M]. 吴树平, 校释. 天津：天津人民出版社, 1980.

不剪发了，已婚妇女将头发盘成发髻，用黑色的包头布包束发髻，再用白色的带子固定。男子要用白布头巾包住头发，旋成一束从脑后盘至额前固定。现在已有不少男青年将头发剪短便于梳理。

瑶族祖先有跣足不履的习俗。唐魏徵："……杂有夷蜑，名曰莫徭，自云其先祖有功，常免徭役，故以为名。其男子但著白布裈衫，更无巾袴；其女子青布衫，斑布裙，通无鞋履"❶。

清道光《庆远府志》就记有："瑶人素不著履，其足皮皱厚，行于棱石丛棘中，一无所损。"自清以后，开始着草编之鞋，所以清人亦有"瑶人居于瑶山，男女皆蓄发，男青短衣、白袴草履；女花衣花裙，短齐膝"的记载。

在实地考察中据瑶家人自称，白裤瑶的服装样式，自唐宋之时即为此型，经元明清至今已有千年之余。他们不会轻易地改变服装纹样，因为服装以及纹饰记录了瑶族的历史，是民族的象征。若是随意改变服装的样式，会被认为是对族系的背叛。

三、崇拜祖先信仰自然的服饰图案

拉片村的白裤瑶，服饰图案的题材来源于自然，来自于生活。人们从生活中汲取无尽的养料，花鸟草虫、走兽飞禽、山川河流、星辰日月甚至神话传说故事都可以用作图案的素材。人们将素材进行抽象、简化处理，形成方形布局的适合纹样和带状二方连续纹样，样式独特，常见的图案有山川河流、鸡、马、蜘蛛、鸟、鱼和花草等自然纹样、动植物纹样以及各种几何纹样（图5）。

白裤瑶的服饰图案表达了生活中本质的、生动的各类形象，并赋予其幻想和理想化的特征。白裤瑶服饰上的图案丰富多样，保持着祖先留下来的样式而不能随意变更，如在瑶族有许多口耳相传的古歌和神话故事，如对盘（槃）瓠（龙犬）的崇拜、瑶王大印和蜘蛛救瑶民并教瑶民织布缝衣的传说等。这些内容都被瑶族民众巧妙地印或绣在衣服上，作为独特的印记，告示后人代代不忘。

瑶王大印和蜘蛛图腾的传说在白裤瑶族流传已久，相传瑶族的先民原居住在长江流域以南，属苗族支系。隋唐时期，瑶王率领瑶族子民从"苗众"分离出来，在长江中下游繁衍生息，狩猎耕种。当时的皇帝赞赏瑶王的功绩，赐予他一枚方形印章，免除瑶族的徭役，命天下人们要以此为印信，所以瑶族又被称作"莫役"。由于大印是瑶王权力的凭据，外族的一个土

❶ 魏征. 隋书·地理志（卷三十一）[M]. 北京：中华书局，1997.

司想独占此印，便设法让自己的儿子骗取了瑶王的信任，并娶瑶王之女为妻，伺机偷走了瑶王的印信交与土司。持印的土司派兵掠夺瑶族的土地，而失去大印的瑶王只能带领身边的族人逃进深山。为了使瑶族后代牢牢记住这个惨痛的教训，瑶王让白裤瑶的女人将印信的图案绣在挂衣的背后，以时时提醒族人（图6）。

瑶王大印的形式为方形构图，多在染有细密黑色花纹的布上，用大红、橙色和黑色的线绣以印纹，印纹的形式和细节依各人的理解有个性的变化。在下摆和底边等处还绣有二方连续的米字形蜘蛛纹样。在民间收藏的记录瑶族历史的《评皇券牒》启用的印模式样里，方形的瑶王大印是最常用的一种。

土司盗印还引出了蜘蛛相救的故事，传说土司盗印使得瑶族民众逃到瑶山，为了逃避追兵而躲进了山洞，大群的蜘蛛立刻织满了蛛网，将洞口严严实实地遮住而瞒过了追兵，使瑶族人化险为夷。在白裤

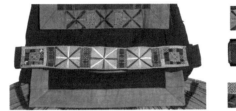

图5 白裤瑶服饰图案（服装实物为作者拍摄）

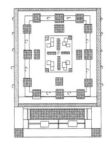
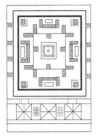
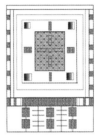

图6 白裤瑶女子挂衣上的刺绣纹样–瑶王大印示意图（图为作者根据挂衣实物绘制）

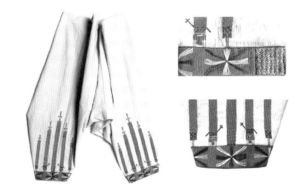

图7 白裤瑶男子裤管上刺绣的五指图案（服装为作者拍摄）

瑶族还有蜘蛛教瑶族人织布缝衣的传说，于是瑶族人就将蜘蛛作为保护神或图腾来崇拜，在衣服上绣出蜘蛛的图案，世代流传，永远不忘。

在贵州荔波的白裤瑶与广西南丹的白裤瑶，男子白色裤子的裤脚口两侧绣有色彩艳丽的五指图案，据传说是瑶王血战土司时，在白色棉布的底边

处留下的血手印。瑶族后人为了纪念瑶王，便在裤侧以红色丝线纵向绣出五条长短不一的条纹，代表五指。五指下部绣有处理成几何形式的飞禽或走兽的图案，寓意着白裤瑶是尚猎的民族（图7）。

白裤瑶的服饰多采用镶边、刺绣和蜡染工艺，刺绣的方法主要以平绣、十字绣和铺绣为主。妇女们挑花刺绣时，先用绣线在布面上打底，然后用对角交叉针、对角平针、放射状散针和横向平针等缝绣。裤脚边处往往是先绣满横向平针后，再在其上加绣交叉米字形长针，图案醒目，色彩艳丽。

白裤瑶服饰上的刺绣、挑花图案多用红、橙、黄、绿、黑和白色丝线缝绣在上衣的背部、衣襟、底边、裙边和裤脚口等处，由于绣出的图案大多比较密实，因此除了美观之外，还具有加固衣角裤边的作用。

结语

贵州荔波县白裤瑶的服饰具有历史悠久、艺术特色鲜明，造型美观、色彩醒目、手工精湛等特点。服装和饰物中的图案亦题材多样，内涵丰富，其中蕴含着白裤瑶民纪念先祖、崇敬瑶王，渴望生活幸福美满的愿望。尤其是服装的款式和部分具有历史印记的图案历经千年传承至今，其内容和样式还较为完整的保留着原先的形态，实为不易，不但为我们今天深入的了解和认知白裤瑶的历史和文化，提供了一本活生生的教科书，而且也为繁荣服饰艺术、弘扬民族文化提供了不可多得的珍贵资料。

廖军　苏州大学博士研究生导师

苏州工艺美院教授，工信部工业文化中心工艺美术创新研究院院长。中国美术家协会会员、工艺美术艺委会委员，江苏省雕塑家协会副主席。江苏省有突出贡献的中青年专家。长期从事艺术设计、工艺美术及理论研究和中国书画创作。

出版学术著作和专业教材《视觉艺术思维》《中国服饰百年》《中国设计全集服饰篇》等近百本。撰写并发表学术论文七十余篇。主持省部级以上科研项目数十项。为全国人大常委会会议厅巨幅苏绣《江南春早》设计绣稿，为中南海巨幅苏绣《海纳百川》设计绣稿。

行牧的智慧

——帕米尔高原塔吉克族足服制式谈

【摘要】

本文围绕帕米尔高原塔吉克足服这一主题进行研究，以足服的制式功能为视角，采用人类学结合图像学的研究方法，从塔吉克足服的历史演变、文化表现、装身内容和使用功能方面，解析出塔吉克族足服的奇异习俗：乔鲁克的西域基因与独特性、皮窝子与毡靴的功能组合和刀鞘式毛编袜的合理存在。

【关键词】

行牧迁徙　塔吉克族　乔鲁克　足服功能

土路穿鞋，水行穿屐，骑马穿靴，这是常识。大凡骑马驰骋天涯的游牧民族，其足服皆以靴为主。地处新疆边地帕米尔高原之巅的塔吉克人着靴的历史可能最长。他们对足服的选择看似随意，其实很讲究，其穿着习惯已在群峰之间保护了数千年，甚至不乏别出心裁进行自我创制的做法，呈现出有别于其他民族的异制异式。

一、“乔鲁克”的西域基因与独特性

（一）“乔鲁克”古制

塔吉克族最具特色的民族靴“乔鲁克”，被称为“现代靴鼻祖”，可见其历史早于中亚传入南北朝的长靿靴。新疆楼兰孤台墓葬曾出土两千年前的皮靴，与乔鲁克制式相似。“其形式为半腰形，中间对缝，有明显的褶纹。以结实的牛皮作底，靴面为柔软的羊皮制成，内中铺放毛毡以保暖”，这一描述形象地道出了乔鲁克的构件和特点。

乔鲁克靴有两大典型特征，一是没有鞋跟。它形似前尖翘起的船，侧看如月牙状，靴尖弯翘，靴底卷起，包住鞋帮，靴面上有一道中缝，靴筒深长齐膝，靴口处留一段不缝合，用以外翻，有人形容它外形刚犷，像古代战将穿的“战靴”。其二是地方性取材。帕米尔高原上皮毛资源

图1-1 1957年做酥油的塔吉克妇女着乔鲁克靴（苏俊慧摄）

图1-2 19世纪80年代塔吉克妇女着乔鲁克靴（来自《中国织绣服饰全集·少数民族服饰卷》）

图1-3 2013年塔吉克老人着乔鲁克靴（李昭摄）

丰富，乔鲁克靴以峰岭谷间特有的黄羊皮❶制作，这一皮料是其经济生活派生的直接产物（图1）。

（二）从结构上看造物思想

今天的乔鲁克似乎不为时代所变，始终保持着最古老的形态。与现代鞋靴相比，它肥大"无形"，甚至被打趣像"骆驼蹄子"。如此

"缺乏"造型美的原始皮靴却成为今天的民族骄傲，它究竟涵盖着哪些珍贵的造物思想呢？

概括地说，乔鲁克的独特价值体现在适应和防护两个方面。首先，乔鲁克之所以能流传数千年，因其具有较强的地缘适应性，它特别符合干燥环境下穿着。帕米尔地区气候干旱，少雨缺水，所以不必担心皮靴底儿受湿变形；进入夏季，走在南疆的极热沙漠中，乔鲁克既不易灌沙，又可防烫脚；高原山谷多是裸露的砂石路面，靴底翻裹、足部捆扎的构造也不易磨脚，走起路来比硬底鞋舒服得多。其次，乔鲁克充分利用高原物种，毛皮足够厚实，高原冰碛和草场刺木扎不进去，既便于泥沼寒冷之地行牧，又便于马背颠簸骑乘。为牢固起见，脚脖处还常用皮绳捆扎后系紧，适合农牧民登危履险。

（三）从功能上发现民间智慧

塔吉克人认为，乔鲁克有着传统长腰靴所无法比拟的优越性：

（1）轻巧：乔鲁克靴除了皮毛外，本身不添加其他物料和橡胶等辅材，造型简洁，十分轻巧。一双靴拿在手里，如同一双厚袜子的分量，完全没有现代皮靴之重。

---

❶ 黄羊学名普氏原羚，常活动于高海拔的草甸和沙丘地区，1999年成为极危级濒危保护动物。

（2）保暖：因地理环境的缘由，农牧民需要这种封闭性强的靴筒来防寒防风。乔鲁克靴毛板在内，能护住脚踝和小腿，即使是在零下30℃的低温里放牧，脚也不会冻坏，牧民称它是穿在脚上的"保暖炉"，因此特别适合长时间的高原户外生活。

（3）便利：同古代中原地区的"直脚鞋""正脚鞋"一样，乔鲁克靴也无左右脚之分，可以随意混穿。这是因为整靴全皮，有很强的延展性，不管脚肥瘦大小，穿几天后都能"贴脚"。突起的靴尖方便乘马踏镫，离马行走利索，坚实轻便。长筒还可避免牧场草木擦伤腿部。

（4）柔软：这种皮靴刚制作完时鞋底光滑、鞋帮硬实，但它最大的优势是越穿越软、越走路越随脚，不久便像量尺定制一样合脚。平滑的新鞋底使用中也会磨得粗粝软糯，在石质荒漠和戈壁地上，走起路来既舒服又轻便。

（四）共享性与象征性

当然，乔鲁克靴并非只有塔吉克族才有，维吾尔族、哈萨克族、柯尔克孜族都有穿乔鲁克的习俗，但唯有在塔什库尔干这样民生艰难的高原极地上才能淋漓尽致地发挥乔鲁克靴的实用功能。所以在塔吉克人心中，乔鲁克靴不单纯是功能性很强的足服品种，也是一种社会身份的象征："出门在外，一双长面子的鞋子是必不可少的行头。20世纪90年代以前，有的牧民买了乔鲁克靴平时舍不得穿，难得到县城赶巴扎时，一路将靴子搭在肩上，临到县城边上，先在条渠里洗个脚，再套上乔鲁克靴，体体面面地逛巴扎，腰杆子也挺直不少。直到现在，传统的塔吉克族婚礼上，新郎装束依然需穿乔鲁克靴，这才配得上花衬衫、长袷袢，尽显新郎英姿俊朗"（王素芬采访乔鲁克靴匠人买买提·吐鲁甫，2015年1月29日）。

（五）依附实用的装饰思想

塔吉克男女老少一年四季都穿乔鲁克。夏季光着脚穿，靴底薄而凉爽；冬季与羊毛毡靴相配套，轻柔坚实。自20世纪末黄羊作为濒危动物加以保护后，鞋材改用牛皮或骆驼皮，采用皮料拼接的方法，靴底用牦牛皮，靴筒用牛皮或骆驼皮。乔鲁克有高腰和矮腰两种，因靴腰肥大，矮腰靴要在脚踝处用两条绳环绕打结，把靴和脚腕绑紧。高腰靴则不必串绳（图2）。

图2-1 喀什巴扎售卖的乔鲁克（金炜摄）

图2-2 乔鲁克款式图（自绘）

塔吉克民族以植物染的深红色乔鲁克靴区别于其他民族惯用的黑、白、棕三色，并形成了自己的审美：在靴子侧面用硬币装饰，或在靴口上绣一些自己喜欢的几何图案，或用多色羊毛线、驼毛线钩成编织带绕在脚踝处几圈，还装饰以皮穗子，或从上到下装饰着织带、皮条编制的彩条，现在的靴子后方还有一皮襻，用来方便提鞋和系带子用。上述部件都与他们的服装相呼应，呈现出融审美于实用的美学效果。

二、皮窝子与毡靴的功能组合

（一）原始裹足"皮窝子"

乔鲁克把兽皮裹在脚上的底板构造是在"皮窝子"❶的基础上改制而来的。塔吉克牧民在冬季转场时还要再穿上比乔鲁克更暖和、更耐寒的皮窝子（古语称"奥古克"）。皮窝子是过去北方常用的防寒鞋，牛皮裁成比脚大两圈的皮张，作为皮窝子的底儿，在一圈边上剪出若干小孔，用皮绳将小孔穿起来，里面再垫一层毛絮。穿在脚上后，把皮绳拉紧，绑住脚

面，就是包叩形式的皮窝子（图3）。

将皮窝子延长到膝部，古语称"提孜力克"，也就是新疆地区使用更广泛的乔鲁克。穿皮窝子是生活简朴的表现，在塔什库尔干地区盛行了数千年，世居的塔吉克族几乎代代皆穿，直到20世纪后期才改为皮革制的靴子。

（二）似靴非靴话"毡靴"

毡靴是最冷的季节时牧民穿在皮窝子或乔鲁克里面的一双保暖夹层。很少有人关注到塔吉克族用来护脚的这双隐藏部件，但它的形制和功用却十分古朴，印证着塔吉克人的原始情结。

毡靴非"靴"，实际上是毛毡擀制的长筒毡袜。之所以称"毡靴"，是因为它"没有一点袜子的形状"，却与乔鲁克靴同形同制，只是前头不翘尖而已（图4）。因为隐藏在皮靴内贴脚用，毡靴无须装饰，以本色为主，且分片结构较多，颜色也较杂，讲究俭省。当毡靴的靴腰高出"乔鲁克"时，露在外面的靴口区域也会用黑平绒布缝上10厘米宽的边，然后装饰上简单的图案。

用擀子擀压羊毛制成的毡，硬壳一般厚实，故穿起来也颇费力气。像这样既

---

❶ 牧民常自己缝制皮窝子穿，就是用皮把脚包住，里面垫毛或草，轻巧舒适。皮窝子擀好就要穿在脚上，是现擀现穿。不然过一两天畜皮晾干了，就会抽擀成一团不可上脚。要重新用水泡软了才能穿用。当然，即使穿在脚上也会晾干的，脚就成了皮窝窝的楦头。为了不使新皮窝窝在脚上干得绉得太小，不好再穿，就要在上脚的同时衬上一把麦草，用麦草扩大空间。同时，垫厚了皮窝窝的底部，缓解了石子对脚的撞击，一举两得。如果是冬季穿用，麦草还能起到保暖隔寒的作用（《古朴而富有创意的服饰风俗——皮材料衣饰利用》）。

不够舒适，也谈不上美观的古老袜式，为何成了塔吉克人的"宝物"？

毡靴的使用出于强烈的实用需要，它有三种用途：首先是能防风，毡靴为一次性制成，无纺织细孔，所以构成严密，不易透风，冷气灌不进来。其次是与外靴形成一个隔冻层，相对保暖。乔鲁克和毡靴本身并不防水，乔鲁克一旦潮湿，就会结成一个冰壳，根据当地人的经验，靴里的湿气被焐热后反而不觉得脚冷（编者注：毛纤维有吸湿放热的性能），毡靴成了保温层。再次是耐久性好，毛毡很有韧性，不易变形，所以山区的塔吉克人最喜欢穿它，既暖和又结实。

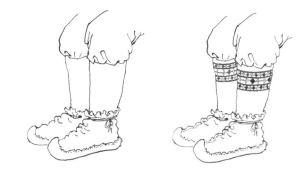

图3 皮窝子款式图（图片来自闲云若海新浪博客）

图4-1 乔鲁克和毡靴（网图）

图4-2 毡靴款式图（自绘）

三、刀鞘式毛编袜的合理存在

图5-1 笔者进行的粗毛线袜编织工艺体验

图5-2 毛编袜款式图（自绘）

与朴素的毡靴不同，毛袜则是各种颜色粗毛线织成的长筒袜（图5）。毛袜的袜筒比乔鲁克要稍长一些，露在靴筒以上区域是最精彩的部分，不仅花纹编织精美，颜色鲜丽，工艺细腻，而且袜口边缘还有染成的彩色穗球随走路而摇动，有一种独存于塔吉克人的审美情趣。

塔吉克妇女崇尚自己编织的毛袜，尤其喜爱穿牦牛毛编织的袜，最长达60厘米，如同护腿。从制作技艺上看，毛袜结构简单，袜面平直如刀鞘，但编结组织紧密，所以穿时并不合脚，容易在脚踝处堆积起硬拙的横褶余量，还保留着极其原始的状态。

但对于塔吉克族来说，寒冷冬天里传统肥大的毛编袜比现代袜型的贴脚式更实用。

乔鲁克、毡靴、毛袜，加之包住腿部的裤子部分，使原本肥筒的鞋、袜、裤被一层压一层地束缚住，几乎不留缝隙，自然发展成封闭式形态。这种紧凑形式像打了绑腿一样，在野外行牧、赶路都能很好地起到保暖和防护的功能。正因如此，毛袜也不能做得太合体，否则套在一起就会太紧迈不开步。可见，无论靴式还是袜式，都是塔吉克人就地取材、合理用材的智慧结果。

【参考文献】

［1］闲云若海.古靴"活化石"——南疆的"乔鲁克".新浪微博"闲云若海".

［2］王素芬.新疆叶城县仅存两家的乔鲁克靴匠人.乌鲁木齐：新疆天山网，2015(1).

 作者简介　李楠　中国传媒大学副教授、研究生导师

毕业于清华大学，获文学博士学位。主授课程有中外服装史，服饰文化传播史，服装学概论，服装设计，立体裁剪等，主要著作《现代女装之源》《时装品牌橱窗设计》《民间生肖文化与现代服饰设计》《服饰文化论》《服装款式图教程及电脑绘制》，发表论文累计九十余篇。

非遗传承

现代扎染重彩创作漫谈

【摘要】

现代扎染重彩，是指在继承传统扎染的基础上结合现代人们的审美情趣与先进的科技手段来创作出新时代的现代扎染重彩作品以满足和丰富人们的审美需求与视觉感受。现代扎染重彩是属于绘画与设计之间跨界的边缘学科，它同时兼具两种属性并自由游弋于两者之间，尤其是在艺术多元化语境的今天，现代扎染重彩具有更广泛的施展空间与发展潜力。

【关键词】

现代扎染　重彩创作　民间　装饰

众所周知，扎染是我国传统流传下来的一种防染工艺表现形式，旨在通过人工设计与操作的防染工艺手段使纤维织物呈现出理想的色彩、纹样、肌理等艺术效果给人以视觉美感享受。传统扎染是我国的非物质文化遗产之一，亦是我国传统文化中的灿烂辉煌成果。

重彩是我国传统流传下来的一种绘画形式，早在南北朝时期的敦煌莫高窟壁画中就有出色的体现，重彩滥觞于唐代并创造出了历史上的辉煌，宋元以降，随着文人水墨的兴盛，重彩画风逐渐式微并流入民间，但仍有元代的永乐宫重彩壁画与明代的法海寺重彩壁画等精彩传世，使重彩成为我国传统文化的瑰宝而生生不息、永世传扬。

现代扎染重彩，顾名思义，是指在继承传统扎染的基础上结合现代人们的审美情趣与先进的科技手段，以重彩画风来创作的现代扎染作品，以满足和丰富人们的审美需求与视觉感受，复兴传统重彩并使其不断传扬、发展、光大。

一、现代扎染重彩的历史文脉

现代扎染重彩的由来可追溯到扎染的起源，现代扎染重彩浸淫了深厚的民族传统文化积淀，因此要想弄清现代扎染重彩的个中三昧，就要首先搞清扎染艺术历史发展的源与流。

扎染，古代称绞缬，是我国传统的一种印染工艺，历史悠久。据古书记载，早在秦汉时期我国就有绞缬工艺技术，这种印染技术在隋唐时期由于植物染料和染色手工业异常发达，绞缬印花技术也更为盛行。北宋初，绞缬印花仍然盛行，天圣年间，由于规定兵勇穿戴缬类印花服装，为了避免混淆，朝廷禁止民间服用缬类印花制品，到南宋时才逐渐解禁，但影响了绞缬印花技术的进展，几乎失传。之后又由于先进印花工艺的不断发展，逐渐取代了一切手工印染，不少手工印染技术逐渐被忽视，民间扎染艺术也面临着失传的危机，为挽救这份珍贵的遗产，亟须对它进行整理研究和总结，这也是我们艺术工作者不可推卸的历史职责。

扎染艺术来自于民间并生长于民间的热土，广泛汲取着民间土壤中的营养。在我国云贵等南方少数民族地区仍然活跃着扎染艺人并不断地创造出丰富多彩且具有独特地方特色的扎染艺术作品来。尤其是贵州苗族自治州，其特有的蜡、扎染艺术吸引着四面八方的中外来客，播撒着华夏民族灿烂文化的生命火种。

二、现代扎染重彩的审美特征

扎染，顾名思义，即是指以结扎纤维材料来防染为工艺手段的表现技能。由于其最后染出的色彩效果变幻莫测、出人意料，因此是一种充满新奇创意的艺术形式。扎染，古已有之，肇始于传统，滥觞于民间。承载着中华民族的文化审美积淀，雅俗共赏、为人们世世代代所喜闻乐见。

当我们面对一幅现代扎染装饰画作品时，我们马上会被它上面的花色纹样与梦幻肌理所吸引，那缤纷迷离的色调、那神奇扑朔的光色，仿佛将人们带入一个梦幻浪漫的世界。人们沉浸在这艺术的氛围中，流连忘返，痴情于那天公之作，叹为观止。扎染艺术那传奇的魔力将人们引入视觉审美新境界，丰富着人们新的审美体验。

扎染，首先是扎，其次才是染。扎，好比是一张图样的设计、构思；染，则是一张作品的制作和完成。二者紧密配合、相辅相成，才能构成一件完美的作品。

欣赏现代扎染重彩的亮点在于其色调、光晕、肌理、纹样和细节变幻特征。这些亮点共同构成扎染艺术的整体面貌，形成一个审美综合系统。同时展示了一个抽象审美的视觉世界，让人们可以尽享视觉艺术本体语言所带来的艺术魅力。

扎染是一种艺术性很高的手工艺品，天生丽质且天然环保，与人们的生活密不可分，因此，它有着不可忽视的历史地位，其工艺特点是从撮绸打结到缝扎，用线或借助简单的辅助工具，经过染色时，因结扎部分染液不能完全渗透，解除扎线后纹样斑驳错落，形成别致且富有多层次的色晕，变化微妙、生动、含蓄，节奏感强，韵味天成，那些宛若彩云或似雾里看花的纹理，变幻莫测的造型与色调构成了扎染所独特的艺术风格，这种效果是其他任何印染方法很难达到的，即便是艺术家的画笔也难以表现的。

流传在我国民间的扎染手工艺品，醇厚、质朴，具有浓厚的民族风格和地方特色，由于受当时社会条件和技术水平限制，一般纹样、色彩都比较简单，但它土生土长、来自民间、扎根民间，为劳动人民所创作，又为劳动人民所享用，祖祖辈辈相传积淀且不断地加以补充与完善，其中洋溢着普通劳动者朴素的审美特质与浓烈的生活热情以及天真烂漫的审美理想与诉求，体现了民间艺人祖祖辈辈执着坚韧的工匠精神，历史流传下来的诸多扎染手工艺品为我们走进传统提供了向导。

祖先为我们留下的宝贵民族文化遗产正等待我们去发掘、去继承、去创造。我们要立足于民族传统艺术土壤，扎根、开花、结果。不论是过去、现在还是将来，任何一个国家的艺术，都是以民族性来显示其特点的，正如鲁迅先生所言：越是具有民族特色，就越具有世界意义（图1～图8）。

三、现代扎染重彩的创作理念

我们强调要继承传统和具有民族特色，但绝不是复古，不能把古代的东西生搬硬套到我们现实生活中来，而是要把传统的工艺与现代科学技术相结合，与现代新的设计理念与时尚审美情趣相结合，既要有中国民族气派，又要有当今时代的风采，所设计出来的艺术作品才更具有生命力，亦更为广大受众所欣赏和共鸣。在新的历史时期，现代扎染重彩也必须与当今社会的时代潮流相吻合，要勇于创新，无论在表现形式、制作工艺及染色方法上都要和现代的审美意识结合起来，尤其是在

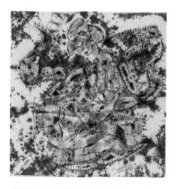

此幅以写意手法将人物概括变形，线条用笔劲爽，颇具书法味道，再配以传统扎染的工艺技法与纹样花色并与现代构成中的色块相呼应，使画面颇具现代审美特征与意味

图1 翟鹰《敦煌·畅想·系列之八》扎染重彩

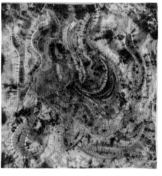

以扎染的手法表现飞天仕女形象，空灵传神、气韵生动，飞天形象若隐若现、似在飞舞飘动，扎染肌理又烘托了天空云气中的朦胧效果，平添"雾里看花"之意境

图2 翟鹰《敦煌·畅想·系列之六》扎染重彩

"反弹琵琶"采用大写意的笔法，大气淋漓、色块好似国画中的"没骨"效果，简约概括、颇为耐看传神

图3 翟鹰《敦煌·畅想·系列之五》扎染重彩

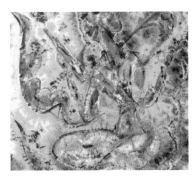

以传统扎染工艺技法表现仕女人物难度很大，既要考虑造型生动又要兼顾扎染特色，此幅人物造型概括洗练、扎染韵味细节丰富，背景与人物虚实互动、别有一番东方意蕴

图4 翟鹰《敦煌·畅想·系列之七》扎染重彩

盆栽清荷莲蓬与青绿色调将夏日人们追求清润阴凉的意境烘托出来，颇令人感到水色淋漓、平添凉意，尤其那荷花若隐若现的粉红色在万绿丛中胜似点睛之笔

图6 翟鹰《清荷》扎染重彩

玉兰花开、春意盎然，朦胧的色调、微妙的纹理与丰富而生动的细节绝非画笔可为，这是天工与人力的绝美合作，更是中华民族扎染重彩审美情趣的形象展示

图7 翟鹰《玉兰》扎染重彩

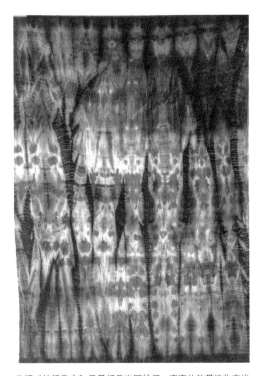

此幅"林间集市"风景颇具南国特征，高高的热带植物突出了地域特征，中间穿插着斑斑驳驳的色点，那是喧闹集市的抽象概括，也是点线面构成的生动点缀

图5 翟鹰《林中集市》扎染重彩

以单色素描的形式表现这"雾里看花"的意境，似花非花、似与不似之间，留给人们去想象补充。"绚烂至极，趋于平淡""少即是多"，中外美学研究证明：朴素乃极高的审美境界。正是这单色朦胧的审美意象将人们引入抽象美的乐园，去领略一番大美世界的别样神秘景色

图8 翟鹰《素描风景》扎染重彩

当代多元化艺术审美语境中，更应满足多层次受众的审美需求，使现代扎染重彩在彰显个性的艺术生态中得到长足的发展。

我们在强调继承传统的同时，还要强调开拓新思路谋求新发展，结合先进的科学技术，将传统的扎染艺术引进到现实生活中来，使扎染艺术与时代精神密切结合起来，更好地为社会和人民生活服务。

对于外国的优秀文化成果，取其精华、融合吸收，丰富和完善我们本民族的文化，使之更加丰富和完美。对于西方现代艺术的新观念、新技法，只要是先进可取的和富有积极意义的，我们都可加以批判地吸收。如在我国盛唐时期，通过丝绸之路和西亚一些国家长期的文化交流，使我国丝织工艺和装饰纹样都受到了影响，呈现出经济文化繁荣昌盛的局面。现代扎染重彩吸收了西方油画艺术，尤其是近现代如印象派、野兽派、表现派等光色、笔触、图式表现手法与画面效果，使现代扎染重新在中西融合的学术取向上路越走越宽。

随着时代的变化，科学技术与艺术趣味都在发展演变，时代在前进，人类在进步，生活节奏在加快，人们的生活方式、审美趣味也发生了根本变化。艺术创作应与时俱进，现代扎染重彩也要充分从外界汲取养分才能创造出既富有民族风格又具有时代特色、为人民所喜爱的作品来。

世界多元文化有很多值得我们学习的地方，任何排外的主张和做法都是不明智的。我们应当虚心学习一切国家民族文化中的优秀文明成果，但是倘若以丢弃民族传统为代价，一切西化的主张和做法是很错误的。如有些年轻人不喜欢我们民族传统的东西，认为其落后和土气，或盲目地仿效西方现代的艺术思潮，认为洋的才是时髦和流行的。甚至把西方的一些消极之糟粕也奉为至宝，这是十分荒谬可笑的。我们要正确借鉴国外先进有益的东西，如西方现代艺术中装饰构成与国际流行色就可以用于现代扎染重彩创作，构成设计是西方现代设计领域出现的一门新型学科，是建立在德国魏玛包豪斯艺术设计教育基

生命的律动好似乐章中的音符不停地跳动，来谱写与讴歌生命的不朽与热烈，夸张的造型与律动的色块更增添了生命华章的生生不息与激越流动的天籁之音

图9 翟鹰《生灵的对话》扎染装饰壁挂

人与自然的和谐共生是永恒的哲学命题，也是艺术讴歌与表现的永恒主题。此幅扎染重彩以劲健的笔调与强烈的色块一反常态地表现出激越的扎染效果，拓展了扎染的艺术表现技法与意境，丰富了传统扎染手法的现代表现空间

图10 翟鹰《生命的乐章》扎染装饰壁挂

础上发展而来的并对现代艺术设计行之有效的认识与方法论，它是紧密联系在人的视觉与心理的作用下而形成的视知觉经验与视觉传达效果。国际流行色也是一门科学，它的发布是一些专家经过社会市场调查进行大量的资料分析、推断、预测、提炼出来的，所以有一定的社会基础。目前流行色已渗透到我们生活的衣、食、住、行等各个领域，而其中以纺织品色彩为中心的流行色的运用往往起着先导作用。对国际流行色的应用已经成为当前纺织品设计，尤其是外销产品设计中的一种不可或缺的手段，随着物质文明与精神文明的不断发展，已经充分显示出流行色在产品设计中强大的生命力，因此合理有效地运用国际流行色，掌握消费者的心理也是搞好现代扎染重彩创作的重要因素。当然对流行色的理解不应停留在孤立地几块简单的色块，而是要求构成协调统一的色彩主题情调，而这也是现代扎染重彩区别于传统扎染在色彩表现的学术取向上的分水岭（图9～图13）。

在黑色的背景下突显人与自然的生灵造型，单纯醒目、简洁概括，流线型的造型更突出了现代感，"计白当黑""虚实相生"的传统手法召唤出大自然中的生命活力

图11 翟鹰《大自然在召唤》扎染装饰壁画

四、现代扎染重彩的发展愿景

现代扎染重彩是属于绘画与设计之间跨界的边缘学科，它同时兼具两种属性并自由游弋于两者之间，尤其是在艺术多元化语境的今天，现代扎染重彩具有更广泛的施展空间与发展潜力。

现代扎染重彩不仅广泛运用于服饰领

这幅扎染动物小品将羊这个吉祥物以夸张的手法为之，色块、纹样、线条等仿佛赋予了生命的节律，在这里谱写出一曲生灵的协奏与共鸣

小鹿与天空上漂浮的云朵以抒情的笔法、晕染的色调、流畅的线条呈现出来，再以黑色背景加以衬托，既强烈又整体

图12 翟鹰《羊》扎染装饰画　　图13 翟鹰《鹿》扎染装饰画

域，如服饰面料、花色、纹样等，而且还可运用于鞋帽箱包、室内装饰、汽车内饰以及手机界面设计与电脑包等。同时，现代扎染重彩创作还可结合架上绘画走进博物馆，步入人们的精神殿堂或设计成艺术衍生品走入寻常百姓家。

立足于我国文化传统，正确吸收外国的优秀文明成果，丰富和发展我国民族文化，在此前提下，有效地推动现代扎染重彩创作的发展才是我们应选择的正确之路。随着历史的发展，先进的生产方式取代了落后的生产方式，这是历史发展的必然规律。但这绝不意味着丧失了传统民间艺术的价值，恰恰相反，传统民间手工艺是人类宝贵的历史文化遗产，历久弥新，可以弥补现代工业文明所造成的不足与缺陷，带给人们人文的关怀亲和力与手工制作的人性把玩的温情，更接地气亦更魅力持久。正如现代扎染重彩所彰显出的那份"人情味"，在人机交流的互联网

时代更显得弥足珍贵和亲情难忘，中国现代扎染重彩艺术正是凭借着她的这种独特的艺术魅力与文化价值介入人们的当代生活，并伴随着人类文明的发展而走向未来（图14～图16）。

五、结论

现代扎染重彩创作旨在继承中华民族优秀传统扎染艺术的基础上结合现代人们的审美心理、生活方式、审美情趣与个性化需求来丰富与发展现代扎染艺术，同时，将传统扎染技法与现代科技手段相结合创造出一种新型的跨界审美新样式——现代扎染重彩创作，这种视觉形式综合了中国传统扎染技法与审美理念与西方艺术中的色彩与构成观念，同时，又洋溢着民间美术的质朴浪漫气息与装饰情趣美感。因此，现代扎染重彩具有深厚的历史文脉

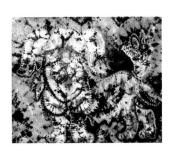

可爱的小狗狗突出憨态的造型与乖巧的线条，扎染纹理在其中起到协调画面、丰富细节与突出表现特征的效果

图14 翟鹰《犬》扎染装饰画

花开时节春意闹，为了突出前面盛开的花朵，背景多采用复色与灰色系列，既衬托了画面主体也拉开了空间层次，使画面更丰富耐看，由此可见扎染重彩的表现力之一斑

图15 翟鹰《五月》扎染重彩

盆花往往可以调节居室环境与制造温馨氛围，中外艺术大师凡高、马蒂斯、齐白石、林风眠等均有涉足，尤其是这种由扎染纹理花色表现的盆花细节丰富、巧妙、神秘、粗中有细亦有手感与温度则更加耐人寻味

图16 翟鹰《立春》扎染重彩

与人文传承，在满足人们的精神需求与审美愉悦的同时，也领略与邂逅了那久违的装饰母体——民间艺术的神奇魅力并为人们的现代生活注入了生生不息的生命活力。尤其是在当下"一带一路"的精神感召下，现代扎染重彩创作无疑正在重整旗鼓，如同当年在古丝绸之路上所担当过的角色一样发挥着积极的作用。

【参考文献】

[1] 鲁道夫·阿恩海姆. 艺术与视知觉[M]. 滕守尧, 等, 译. 北京: 中国社会科学出版社, 1984.

[2] 宗白华. 美学散步[M]. 上海: 上海人民出版社, 1981.

[3] 朱光潜. 西方美学史[M]. 北京: 人民文学出版社, 1979.

[4] 李泽厚. 美的历程[M]. 北京: 文物出版社, 1983.

[5] H.H.阿纳森. 西方现代艺术史[M]. 邹德侬, 巴竹师, 译. 天津: 天津人民美术出版社, 1986.

[6] 王济成, 翟鹰. 现代扎染艺术[M]. 北京: 中国纺织出版社, 2014.

[7] 翟鹰, 王济成. 翟鹰王济成现代扎染重彩画集[M]. 北京: 北京工艺美术出版社, 2017.

 作者简介

翟鹰 北京服装学院美术学院教授、研究生导师、学术委员

主授课程插画、绘本创作、装饰表现技法、民间美术等。主要著作有《装饰表现技法》《装饰色彩设计》《人物线描技法》《现代扎染艺术》《时装绘画——扎染篇》《时装绘画——配饰篇》等及论文多篇。

郭蔓蔓 中国传媒大学动画学院副教授

中国传媒大学硕士生导师，博士。英国伦敦大学金史密斯学院（Goldsmiths, University of London）访问学者。主授数字艺术课程，并从事抽象艺术创作，对扎染艺术鉴赏与美学理论多有研究。

鱼形童帽研究

——以民族服饰博物馆馆藏为例

【摘要】

　　以民族服饰博物馆馆藏鱼形童帽为研究对象，通过对鱼形童帽的款式造型、色彩花样、装饰工艺、文化内涵等方面进行系统梳理，并结合仿生学、色彩研究等相关理论，对鱼形童帽进行具体分析。

【关键字】

　　鱼形童帽　鱼尾帽　鱼纹样

一、鱼形童帽概况

　　所谓帽，《后汉书·舆服志》云"上古衣毛而冒皮"（图1）。帽子既有遮风挡雨等实用功能又有装饰的作用。童帽，即指儿童戴的帽子，童帽既有装饰性又有实用性（图2）。鱼是中国历史最为悠久的图腾之一，纵观中国传统装饰艺术史，鱼纹样贯穿始终。鱼形童帽的应用非常的广泛，它具有深刻的文化内涵和美学价值。

　　鱼形童帽，是指整体帽身形状模拟鱼类的廓型，具有三维立体的造型特点的帽子（图3）。鱼形童帽的应用非常广泛，许多民族都有鱼形童帽，一些地区的女子佩戴鱼尾帽也作为未婚标志（图4）。鱼形童帽作为母题演变出很多其他童帽样式❶。鱼形童帽是人类不断适应改造自然的产物，包含着中国传统哲学思想和审美情趣，一针一线间蕴含着母亲对孩子的深深爱意和美好期盼。

❶ 曹鸣喜. 原生美术新论：中国民间美术的现代艺术价值研究[M]. 北京：中国矿业大学出版社，2006：245.

图1 上古时期的皮帽（来源：《中国衣冠服饰大辞典》）

图2 戴童帽的儿童（来源：老照片）

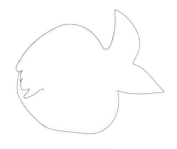

图5 鱼形童帽的帽身（笔者绘制）

图6 鱼形童帽的帽额（笔者绘制）

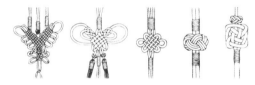

蝴蝶牌子　　　盘长牌子　算盘疙瘩　扁方牌子

图7 种类繁多的牌子（来源：简荣聪编著的《台湾童帽艺术》）

图3 盘龙区金鱼童帽

图4 马鞍山青云地区戴"鱼尾帽"的彝族未婚少女

二、鱼形童帽的相似性

笔者对民族服饰博物馆馆藏的四件相似的鱼形童帽进行了实物测量，童帽的头围在48~50厘米，推测应是1~4岁的幼童使用。这四件鱼形童帽造型、配色、图案基本相同，查阅资料后，推测应是云南文山平永街（今平远镇）彝族的鱼形童帽。

（一）鱼形童帽的基本构成模块

鱼形童帽一般由帽身、帽额、帽穗三部分组成。

帽身，是鱼形童帽的主体部分（图5），它由两片布料经过简单缝合而成，根据资料推测，原始的鱼形帽应是用靛染深蓝色的土布制成，馆藏鱼形童帽是用深色素缎或提花缎制成。

帽额，是在额头至耳朵的位置接的一块山形浅色的卷草纹贴花绣片，卷草纹内部均绣蓝、粉相间的像水草一样的花纹装饰（图6）。卷草性的纹样沿边缘压一根金色线，并用锁边绣将其固定，用以强调突出图案的轮廓。

帽穗，也称牌子，是在童帽上佩饰穗子的丝编装饰。馆藏鱼形童帽帽穗上的牌子有用线编的、有用塑料的，样式都是算盘疙瘩（图7）。在汉族民间童帽中，帽穗与"岁"同音，为了讨个多岁的好彩头。鱼形童帽的帽穗长垂于两边脸颊的位置，客观上有遮挡、美化、修饰脸型的作用，佩戴有帽穗的帽子，流苏随走动而摇曳，动静结合、虚实搭配。给人一种动静皆宜的美感（图8）。

（二）鱼形童帽的造型与功能性

1.造型特点

鱼形童帽的形状直观模拟鱼的造型，造型趣味性强。同时裁剪方式非常节省布料，一个帽子只用两片布缝合即可；两片布的缝合线位于帽顶，造型上来说刚好在鱼形的背鳍位置，既作缝合线又生动模拟了鱼的形状；鱼嘴和鱼腹缝合后，相当于去掉了多余的省量，构成了一个立体的三维空间的鱼头造型，鱼头位于两个平面的交界线处，效果立体而生

动；鱼尾上翘的量刚好将帽子固定在脖子上，防止脱落；模拟鱼的肚鳍裁剪出的形状还可以加襟 保护耳朵。帽顶左右两侧对称的流苏，活泼灵动，仿佛鱼儿颤动的胸鳍（图9、图10）。

鱼形童帽采用直裁型立体结构，裁剪缝制过程简化。它既有平面结构的技巧，又是立体结构的思维（图11）。这种裁剪方式在中国少数民族服饰中广泛使用。❶鱼形帽的结构虽然简单，但因其裁剪方式却十分精巧，仅用两片布料经过简单缝合后，就可以达到合体、舒适、美观的效果。

鱼尾大约占童帽总面积的1/3，符合黄金分割原则。笔者发现，虽然童帽的尺寸大小各异，但是鱼形童帽的鱼尾部分始终做夸大变形的艺术处理（图12），经过这种艺术化的处理手法，鱼形童帽的整体造型显得协调可爱、俏皮活泼。

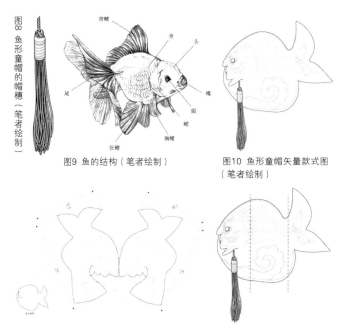

图8 鱼形童帽的帽穗（笔者绘制）

图9 鱼的结构（笔者绘制）

图10 鱼形童帽矢量款式图（笔者绘制）

图11 鱼形童帽和圆顶童帽板型的对比（笔者绘制）

图12 鱼尾大约占童帽总面积的1/3（笔者绘制）

❶ 孙琦.云南物质文化：少数民族服饰工艺卷[M].昆明：云南教育出版社，2004：39.

2.功能性

鱼形童帽具有装饰功能。鱼形帽的造型直观模仿鱼的自然形态，佩戴童帽的儿童从正面看有帽额上精美的刺绣，侧面看是写实的鱼的造型，后面看是鱼背鳍的形状。造型新颖奇特，贴近自然。

鱼形童帽还具备护身功能。俗话说"冬季戴棉帽，如同穿棉袄"。幼儿的抵抗力差，身体娇弱，容易受凉，更加需要童帽的保护。鱼尾童帽生动活泼的鱼尾、鱼头和鱼腹造型刚好包裹住儿童后颈、眉心和耳朵等脆弱部位，达到遮阳、挡风、御寒、防虫的护身功能。

三、鱼形童帽的差异性

民族服饰博物馆馆藏的四件鱼形童帽分别为：MFB007831、MFB002598、MFB003318、MFB003317（图13、图14）。这四顶童帽来自同一个支系，它们的图案风格、裁剪方式、色彩搭配、制作方式都是沿用老样式，但是每顶童帽却呈现出千差万别的效果。

鱼形童帽的形制基本沿用传统形制。美国马斯洛认为人有将自己归属于某一社会群体从而产生归依感、安全感的精神需要。这种心理活动称为审美归属作用。这种行为与从众心理、求同心理和模仿心理有关；通过对比发现，每个制作者制作的鱼形童帽都既遵循祖制又在细节中求变化。这种同中求异的心理体现为人们不满足以前的样式，想在某些方面有所突破。正因为人们共同存在的这两种相反心理倾向的作用，导致少数民族的传统服饰在变化发展中继承，在

图13 馆藏鱼形童帽侧视对比图（来源：笔者拍摄）

图14 馆藏鱼形童帽正视对比图（来源：笔者拍摄）

表1 馆藏鱼形童帽尺寸表

单位：厘米

名称 \ 藏品编号	MFB007831	MFB002598	MFB003318	MFB003317
头围	46	47.5	47	48.5
帽子深度	36	36	37	39

表2 童帽规格参考表

单位：厘米

名称 \ 年龄	0~1岁	1~2岁	3~4岁	5~6岁	7~8岁	9~12岁	13岁以上
头围	46~48	48~51	52~53	53~54	54~55	55~56	56~57
帽子深度	26	27	28	29	29.5	30	30

（来源：中国标准出版社《服装工业常用标准汇编》）

继承延续中不断地发展，渐渐成为现在的样子。

（一）造型的差异

表1是馆藏四个鱼形童帽的尺寸对比，表2是童帽规格参考表，通过对比这两个表我们可以得知，这四个馆藏童帽都是0~2岁这一年龄段的儿童佩戴的，如图15是它们裁剪的对比图，从图中我们可以看出，鱼形童帽的中段部分的变化不大，鱼嘴的吃量和鱼尾的形状有少许的变化。

最右端鱼嘴和鱼腹的吃量大小有明显差别。吃量大的鱼形帽做出来以后内在的空间大，帽型比较圆润；吃量小的鱼形帽内在空间小，帽型比较尖挺；最左端鱼尾下垂和上扬有明显差别。鱼尾缩小上扬的板型，做出来的帽子鱼尾装饰形小，鱼尾加大下垂的板型，做出来的鱼尾装饰形状大。

综上所述，虽然鱼形童帽的裁剪理念基本相同，但板型的局部需根据儿童的头围尺寸进行细微调整。

（二）制作和工艺的差异

纯手工制作和机器制作的差异（图16）。仔细对比后可知：右边三只基本整体都是纯手工制作。背鳍处有三角、短直线和短弧线等形状装饰，左边机缝的三角，线条匀称又锐利；右边三个是更富变化的手缝线迹，不同的背鳍表现形式均是模仿鱼游动的动态感。鱼身最左是机器和手工结合制作而

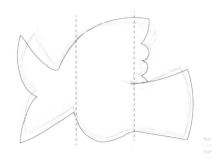

图15 四件馆藏鱼形童帽的板型对比图（笔者绘制）

成，鱼鳞部分利用缝纫机自带的波浪形线迹，巧妙的拼合成鱼鳞的形状。虽然制作者聪明的节省了时间，但是机器制作的鱼鳞纹显得过于平面，缺乏变化。制作方式发生改变，导致鱼形帽呈现出的节奏、韵律也发生了改变。

当今社会科技发展日新月异，科技的发展给学习、生活带来的种种便利，也催生了机器工艺品，快速迈入现代生活导致手工艺者制作工具的改变，加速了鱼形帽的差异化进程。

（三）内部装饰的差异

童帽鱼眼的边缘能用钉线绣的方式固定金线，右边三个都是平面立体结合的方式，眼珠部分是填充棉花的黑布做成立体形，眼白部分平面贴补白布；最左则整体为平面未填充的形式，

仅用金线对眼珠简单勾勒。四个童帽的鱼眼周边均装饰颜色、材质、刺绣手法不同的水草、花卉纹样，以此表现鱼在水中飘逸灵动的状态。

鱼形童帽由鱼身、帽额、帽穗三部分组成，这些模块体系的母题基本固定不变，但是在设定好的命题之下，心灵手巧的母亲们演绎出了千变万化的风格，体现个人的审美情趣和技艺水平（图17）。

（四）材质和色彩的差异

四款鱼形童帽都使用富丽华美的缎面材料。使用暗花面料增加了鱼形童帽的层次感，增强了它的装饰性（图18）。

同一母题的鱼形童帽因制作者的不同而呈现出不同效果，母亲的审美鉴赏水平和创造力会通过一件件饱含母爱的亲手缝制的衣物间接传递给儿童，一代代的传播下去。

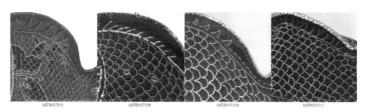

图16 线迹的对比（来源：笔者拍摄）

图17 鱼头局部装饰的对比（来源：笔者拍摄）

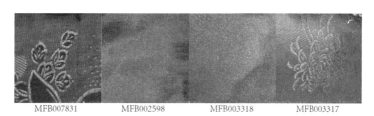

图18 面料材质的对比（来源：笔者拍摄）

四、小结

鱼形童帽的造型直观模仿鱼形，采用直裁型立体结构制成，裁剪缝制等步骤都简单易学。鱼形童帽精美的刺绣图案、巧妙的板型、合理的材质搭配、多而不乱的色彩运用等都具有较高的研究价值，值得我们研究借鉴。鱼形童帽有固定的形制，但同一母题的鱼形童帽因为审美改变、工具的变革等很多因素，导致在局部装饰上的千差万别。这种差异体现了人们同中求异、异中趋同的审美心理，也正是由于这种差异性的存在，人类的生活才变得更加丰富多彩。

【参考文献】

［1］常丽霞, 高卫东. 鱼形图案在我国民族服饰中的文化寓意[J]. 纺织学报, 2009, 09: 106-108.

［2］张建敏. 布依族服饰、蜡染中的鱼图腾崇拜与审美特征[J]. 贵州大学学报(艺术版), 2010, 01: 96-99.

［3］雷圭元. 中国图案作法初探[M]. 上海: 上海人民美术出版社, 1979.

［4］郑军. 中国传统鱼纹艺术[M]. 北京: 北京工艺美术出版社, 2014.

［5］祝孚. 传统鱼纹图案在现代设计中的应用[D]. 浙江理工大学, 2010.

［6］麻承照. 中国鱼文化[M].北京: 中国文联出版社, 1999.

［7］殷伟, 任玫. 中国鱼文化[M].北京: 文物出版社, 2009.

［8］吴山. 中国纹样全集4卷[M]. 吴山, 陆晔, 陆原, 绘. 济南: 山东美术出版社, 2009.

作者简介

王星　周口师范学院设计学院教师

北京服装学院硕士。主授服装与服饰设计专业课程民俗服饰设计、女装设计等。发表论文《鱼形童帽研究及其在现代服饰设计中的应用》《淮阳泥泥狗艺术形式在童装设计中的应用》等。

贺阳　北京服装学院民族服饰博物馆馆长

北京服装学院教授，博士研究生导师。专注中国服饰研究，主要研究方向为：中国服饰传统中"节用"与"慎术"造物观，"人与物""器与道"之间的关系，服饰礼仪、功能、材料与技艺，当代中国服饰创新设计等。主持多个科研项目、艺术策展，发表多篇论文，出版多部学术专著。

白裤瑶蜡染纹样特点和类型探究

——以贵州荔波拉片村为例

【摘要】

通过"蜡染纹样特点和类型"作为研究的立足点，以荔波白裤瑶拉片村为实例进行研究,探究白裤瑶蜡染艺术的起源。由表及里的分析白裤瑶蜡染艺术纹样的特点，用现代的形式美法则来理解它，总结出白裤瑶蜡染艺术纹样的应用类型和其背后的服饰文化寓意。

【关键词】

白裤瑶　蜡染　纹样　类型

一、白裤瑶蜡染艺术研究背景

中国广西是一个多民族聚居的地区，省内的十二个少数民族，其多姿多彩的民族服饰文化已经成为学术界研究的焦点。白裤瑶服饰作为广西民族服饰文化的一部分，拥有独特的服饰制作工艺——蜡染，白裤瑶蜡染是一门古老的防染工艺，经过悠久的历史发展过程，积累了丰富的实践经验，创造了丰富多彩的蜡染图案，是白裤瑶服饰不可或缺的一种工艺装饰形式，而在学术界对此工艺艺术的研究相对较少。笔者为了进一步发掘和研究白裤瑶的蜡染艺术，前后两次到贵州荔波和广西南丹进行田野调查和研究，记述了关于白裤瑶蜡染艺术的相关资料。笔者经过调查研究后发现，白裤瑶蜡染艺术是体现白裤瑶的服饰美的重要方式，其蜡染纹样造型独特，自成一派，这项古老工艺让白裤瑶服饰写上了自己的"名字"，它体现了白裤瑶人民的集体智慧和艺术涵养，具有鲜明的艺术特色。

二、白裤瑶蜡染起源

在白裤瑶女子众多的手工技艺中，蜡染似乎是一项特别的手工艺；蜡染这一自古流传的民间手工艺，流传到瑶族人民中时似乎只钟情于白裤瑶的女子，而这也是白裤瑶服饰区别于其他瑶族的一大特色。

有关蜡染的文字记载最早出现在《一切经音义》卷十载："谓以丝缚缯，染之，解丝成文曰缬也"。其大意引申为细薄、折叠之物和有花纹的丝织品都称为缬。《隋书·地理志》载："长沙郡又杂有夷蜒，名曰'莫摇'……其男子但著白布裤衫，更无中裤，其女子青布衫斑布……"这段话描述了瑶族祖先在湖北、湖南、江西、浙江一带的生活情况，主要以与其他民族不同的民族服饰来作为出发点记述的，盘瓠之后的瑶族在迁徙到了现在的湖北、湖南、江西、福建一带并在那里定居。服装以斑布为装饰，而其中的"白布裤衫"则是白裤瑶显著的一个民族服饰特征，那么书中所载的"莫摇"就极可能是白裤瑶先民，而斑布则有可能就是蜡染工艺的服饰。宋代桂林通判周去非的《岭外代答》一书中记载着少数民族使用蜡染的记录，这应该是最早的关于少数民族使用蜡染制作服饰的文献之一。由此可知，瑶族在宋代可能已熟练掌握了蜡染的工艺技术。

三、白裤瑶蜡染纹样特点和类型

在白裤瑶村寨有这样一句谚语："瑶山上找不到蹩脚的猎手，也找不到不会绣花的姑娘。"白裤瑶常年居住在深山中，他们与外界的接触较少，这也造就了他们独特的民族文化，在闭塞的环境中，吃穿用都要靠自己一双勤劳的手来创造。瑶寨的每位女子最早在八岁起就开始学习挑花刺绣和织布蜡染了，学会蜡染技艺是瑶族女子一生中必修的课目之一。白裤瑶相对于其他瑶族在文化传统方面保护得更加完整，受其他民族的影响较小，这使得他们的服饰纹样更具传统性和传承性，图案纹样的变化很少，这一点也体现在了蜡染的纹样中。

（一）蜡染在传统服饰中的应用

1.女子背牌

白裤瑶女子传统服饰的背后都有这样一个背牌（图1），背牌是独立于上装而存在的，就像现代女子的披肩一样，当女子们穿完挂衣（没有衣袖，前、后各一片，肩部连合，腋下敞开）和裙子，背牌作为最不能缺少的部分披在背后，两边长长的背带经过几下缠绕固定在腰间，扎出女子曼妙的腰身，背牌图案称为"瑶王印"，意即瑶王的大印永远在瑶家人民的心中，其图案构图为几何型，以回字图形和井字图案为主，以彩色丝线绣成各种几何形。构图朴素、对称均衡、大小有序、节奏韵律优美。

2.百褶裙

蜡染是白裤瑶制作百褶裙（图2）的重要工艺之一，每条裙子会有四到五个的蜡染裙边，每个裙边由五厘米宽的长条组成环形。蓝色的蜡染裙边有三个，最常见的有三组图案，一组为菱形连续纹样，一组为人形连续纹样，一组为纯色。据荔波拉片村的向导何金梅说这三组蜡染跟白裤瑶族的迁徙路线有关。白裤瑶人民在过去一直不断迁徙，在迁徙的过程中遇到的河流就用蜡染的形式把它描绘在裙子上，三组蜡染的图案代表瑶家人在迁徙的路上经过了三条河，其中的一条是黄河，其他的两条河由于年代久远已无人知晓了。裙摆处的蜡染边，多为桃花色或者粉色，图案多以传统的几何型和人物为主。深蓝色的蜡染和浅蓝色的裙面，加之粉色的蚕丝边，一条百褶裙上有多种工艺存在，瑶家女子穿上百褶裙走起路来摇曳生姿，似乎连彩蝶也会被这美丽吸引，停留在裙上小憩。

图1 白裤瑶女子背牌

3.小孩背带

白裤瑶妇女十分勤劳，她们背着孩子干各种农活，白裤瑶妇女准备的孩子背带（图3）为手工制作，绣花背带的造型以T字形为主，一块方形的蓝靛染色的土布，结实耐用，在两边有长长的带子用来固定婴儿。孩子用的背带上仍然是瑶王印的图案，只是构图的方式相对于女子背牌的图案更加简单些：回字型的构图，中间为十字型的纹样，围绕周围的是八个方形的抽象人物造型的蜡染纹样。据拉片村谢氏说白裤瑶人认为背带上有孩子魂魄存在，可以保佑孩子的健康。

图2 白裤瑶蜡染百褶裙

图3 白裤瑶谢氏家的婴儿背带

（二）蜡染在生活用品中的应用

在白裤瑶村寨，随着时代与经济的发展，白裤瑶的生活用品也不再像过去时代都是手工制作了，道路的修建，让他们有机会到村外采集生活用品，买来的物品可以及时的使用，而且不花费时间。这样的情况使得蜡染出现在生活用品的机会逐渐减少，白裤瑶妇女花费制作蜡染布的时间几乎都用在了服饰上，偶尔有年龄大些的技术纯熟的妇女会在闲暇时，在一些生活用品上用蜡染来进行装饰。

图4的蜡染床单的纹样和服饰中蜡染的纹样风格有很大差别，纹样更加写实，由于手织布幅宽的限制，该床单的宽度是用两匹布拼合而成，长两米，中心采用的是瑶族铜鼓的纹样对称合并而成，中心外围是在竹菱形的方格内勾画纹样，并以花草纹装饰在床单的四周。

图4 何四妹制作蜡染床单

（三）蜡染在婚丧用品中的应用

每个民族对待人生中的红白喜事都是十分重视的，白裤瑶婚礼和丧礼的举办仪式别具特点，在这些仪式中，透露着本民族的性格，传统文化的表达。

1.蜡染在婚礼用品中的应用

白裤瑶办婚事，不讲究重金彩礼。定亲时只要几

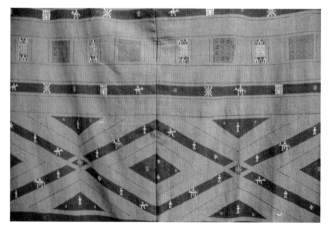

图5 婚礼用的蜡染被单

斤酒肉和几团糯饭即可。在接亲的途中，男方家要有一个背糯米饭的姑娘，而这背糯米饭的包袱是特别为婚礼制作的蜡染被单（图5）。瑶家人没有背包之类的物品，这被单就代替背包而使用。去接亲前，用竹笋把糯米饭包好再用蜡染被单包起来，女孩背在身后，用作迎亲的礼物。

2.蜡染在葬礼用品中的应用

白裤瑶人认为，人逝去只是躯壳的消失，灵魂是不灭的，白裤瑶人希望死去的亲人仍然像活着的时候一样。在白裤瑶的村寨，如果有老人去世，要由自己的亲生子女为其整理仪容，洗澡、穿寿衣这样的事情不能假手于人，而后要用五到七个有瑶王印的蜡染布将死者的头部盖住，再用蜡染被单将身体盖住。据拉片村的何四妹老人讲，葬礼用的蜡染布也有讲究，其上瑶王印背牌图案是分"公母"的，如果是男子去世，其构图形式为十字构图的纹样，女子则是井字或田字纹样，这其中的含义却因为年代的久远而无人知晓了。但由此可以看出瑶王印在白裤瑶人心中的地位，也许是代表去世的人到另外一个世界，凭借瑶王印来证实自己是白裤瑶的身份。葬礼的服饰是隆重的，每位长眠的白裤瑶人穿着和生前同样的服饰永久地沉睡着，只是所盖的头盖、被单上瑶王印少了些鲜亮的色彩，只有蓝白黑三色，整体的色调变得更为庄重而悲伤。

图6和图7为瑶族妇女何四妹为她的丈夫和自己准备的盖布中的背牌图案，色调以沉重的蓝黑色为基色，可以根据图案的不同来判断使用者的性别，有十字花纹的为男子使用，正如男子服饰身上经常出现的十字和米字纹样，而女子用的花纹和平时传统服饰穿着的背牌的构图模式是一样的，一般为井字型构图。

图6 男子盖布

图7 女子盖布

四、结语

　　本文以荔波拉片村蜡染类型和纹样特点为例，通过合理的分析和研究，尝试着从一个新的角度去理解和诠释白裤瑶蜡染艺术，白裤瑶蜡染是白裤瑶服饰文化的代表和体现。它反映了白裤瑶民族服装文化的自然观念、历史印记、社会生活和宗教信仰，它所表现出的纹样特点、服饰特色都证明了它具有研究价值，是瑶族民间艺术的瑰宝。我们应不懈地对民间艺术、民族文化进行研究，为传统民族艺术的发展应用尽绵薄之力。

【参考文献】

[1] 黄海. 瑶山研究[M]. 贵阳: 贵州人民出版社, 1997: 309-315.

[2] 贺琛, 杨文斌. 贵州蜡染[M]. 苏州: 苏州大学出版社, 2009: 133-137.

[3] 韦静涛. 白裤瑶服饰文化传承与发展[J]. 电影评介, 2009(13): 84-96.

[4] 张婧. 贵州白裤瑶服饰现状研究[J]. 科技创新, 2011(4): 154-155.

曹梦雅　周口师范学院设计学院教师

　　广西艺术学院设计学硕士，研究方向为民族传统服饰与服装、面料印染工艺，"老家记忆"文创品牌创始人。发表《浅析中原民间艺术服饰品牌的开发——以淮阳"泥泥狗"为例》《古法蓝染工艺在现代服装设计中的试验性建议》等数十篇论文。

服饰美学

古代服饰中的隐与彰

【摘要】

在古代儒家的典籍中，衣裳既有隐藏遮蔽之意，又有吸引彰显之意，本文通过对于这两种对立意义的分析，清楚阐释遮蔽和彰显的具体内容以及二者之间微妙的辩证关系，从中可以更深入地认识古代服饰观念中所传达的身体的观念。

【关键词】

衣裳　隐彰　身体　身体观念

衣裳二字，意深且远，近人对二字的解释也非常特别，颇值得研究。柳诒徵在《中国文化史》中引顾惕森的说法，指"衣"下半为"北"字，故"衣"字"象北方之人戴冠者"（图1）。而"服"本为"疆界之名"，所谓"五百里甸服"之服也。结论是"中夏文明，首以冠裳衣服为重，而南北之别，声教之暨，胥可于衣裳觇之"。❶钱钟书先生就中国古代文字中"一字兼然否之执"而论到"衣裳"二字的不同含义，"衣"既可训为"隐"，又可训为"移"；"裳"既可训为"障"，又可训为"彰"。他精妙地概括为："则隐身适成引目之具；自障偏有自彰之效"。❷

蔡子谔先生在《中国服饰美学史》中则就此专文论述"衣裳"所具有的彼此相悖的含义，但却将其泛化为一种艺术辩证法，并未详论其在衣裳中的具体内容。❸我们需要充分讨论：衣裳隐藏、遮蔽的是什么？要彰显，吸引别人，让别人关注的是什么？这只是中国古代服饰中的一种观念，还是服饰现象中一种普遍性的观念？

刘熙在《释名·释衣服》中对衣裳的解释为："凡服上曰衣。衣，依也，人所依以避寒暑也。下曰裳。裳，障也，所以自障蔽也"。❹班固《白虎通》亦曰："衣者，隐也；裳者，障也，所以隐形自

❶ 柳诒徵. 中国文化史（上卷）[M]. 上海：东方出版中心，1988：44.

❷ 钱钟书. 管锥编（一册）[M]. 北京：生活·读书·新知三联书店，2007：9-10.

❸ 蔡子谔. 中国服饰美学史[M]. 石家庄：河北美术出版社，2001：146-149.

❹ 刘熙. 释名疏证补[M]. 毕沅，疏证. 王先谦，补. 北京：中华书局，2008：165.

障闭也"。❶衣裳所隐所障者当然是身体了，身体为何要遮盖而不能彰显呢？这与古代中国人的身体观念相关，贾谊《新书·等齐》中说"人之情不异，面目状貌同类；贵贱之别，非人人天根著于形容也。所持以别贵贱明尊卑者，等级，权力，衣服号令也"。❷衣服的功能是要遮蔽身体，但这种遮蔽的概念和基督教的遮蔽的概念很不一样，后者主要强调身体裸露的羞耻和引发观者的欲念，而中国古代的观念是自然状态的身体不能表达尊卑贵贱、等级权力，因此不合礼仪，因此要遮蔽。

衣服首先是建立礼制、维持社会秩序的重要工具，董仲舒说："凡衣裳之生也，为盖形暖身也。然而染五彩、饰文章者，非以为益

图1 "衣"字，引自《殷周金文集成》，中华书局，2007年

肌肤血气之情也，将以贵贵尊贤，而明别上下之伦，使教亟行，使化易成，为治为之也。若去其制度，使人人从其欲，快其意，以逐无穷，是大乱人伦，而靡斯材用也，失文采所遂生之意也"。❸这里也表明衣服是要遮盖身体，但更重要的是等级地位的表达和象征，是一种统治社会的手段："是以天下见其服而知贵贱，望其章而知其势，使人定其心，各著其目"。❹因此"虽有贤才美体，无其爵不敢服其服"。❺这里几乎完全否定了衣服对于身体的彰显，而强调对于权力和地位的象征与表达（图2）。

古者有位者必有德，故贵族服饰不仅是权力和地位的象征，同时也是德行的彰显。《后汉书·舆服志》曰："夫礼服之兴也，所以报功章德，尊仁尚贤。故礼尊尊贵

---

❶ 陈立. 白虎通疏证下[M]. 北京：中华书局，1994：433.

❷ 贾谊. 贾谊集校注[M]. 王洲明，徐超，校注. 北京：人民文学出版社，1996：45.

❸ 董仲舒. 春秋繁露·度制[M]. 北京：中华书局，1992：232.

❹ 贾谊. 贾谊集校注[M]. 王洲明，徐超，校注. 北京：人民文学出版社，1996：48.

❺ 董仲舒. 春秋繁露·服制[M]. 北京：中华书局，1992：151.

图2 上公衮冕、侯伯鷩冕之服饰形象，引自《三才图会》（中）之《衣服卷》，上海古籍出版社，1985年，1497页

图3 孟子像，《三才图会》（上）之《人物卷》，上海古籍出版社，1985年，598页

贵，不得相逾，所以为礼也，非其人不得服其服，所以顺礼也。顺则上下有序，德薄者退，德盛者缛"。❶这当然是一种理想化的表达，因为现实中并非有德者必有其位，或在其位者未必有德。于是就引出一桩公案：德行与衣服之间到底有没有必然的关系呢？《墨子·公孟》中把这一问题表达为："君子服然后行乎，行然后服乎"？❷儒家当然是肯定的，"君子必古言、服，然后得仁"。《孟子·告子下》说："子服尧之服，诵尧之言，行尧之行，是尧而已矣。子服桀之服，诵桀之言，行桀之行，是桀而已矣"❸（图3）。

但墨子则完全否定，他在《墨子·公孟》中力驳此言："周公旦为天下之圣人，关叔为天下之暴人，此同服，或仁或不仁。

然则不在古服与古言矣"。❹但儒家还是坚持，至少穿上这种可以表达德行的衣服对于着衣者可以有一种教化、影响或熏陶："子曰：'仁之难成久矣，惟君子能之。是故君子不以其所能者病人，不以人之所不能者愧人。是故圣人之制行也，不制以己，使民有所劝勉愧耻，以行其言。礼以节之，信以结之，容貌以文之，衣服以移之，朋友以极之，欲民之有壹也……是故君子服其服，则文以君子之容；有其容，则文以君子之辞；遂其辞，则实以君子之德；是故君子耻服其服而无其容，耻有其容而无其辞，耻有其辞而无其德，耻有其德而无其行。是故君子衰绖则有衰色，端冕则有敬色，甲胄则有不可辱之色。《诗》云：'惟鹈在梁，不濡其翼；彼记之子，不称其

---

❶ 司马彪. 后汉书·舆服志[M]. 北京：中华书局，1964：3640.

❷ 诸子集成.（四）[M]. 北京：中华书局，2013：273.

❸ 诸子集成.（一）[M]. 北京：中华书局，2013：480.

❹ 诸子集成.（四）[M]. 北京：中华书局，2013：274.

服'。" ❶圣人可以衣服教化民众，使其修其外以及其内，所谓"衣服以移之也"。

所以衣即便不是对于着装者已经具有的品行的反映和表达，至少也是表明着装者有对于儒家所提倡的良好品行的渴慕和追求，通过合乎礼仪的着装，可以帮助着装者逐渐形成良好的品行。故《左传·闵公二年》有："衣，身之章也。" ❷这里的"身"当然不会指身体，这里的意思也不会是说衣裳是对于身体的表现或彰显。"身"在这里更多指一个人的品行、德行，如"修身齐家"之"身"。衣裳乃是对于道德品行修养的一种手段或工具，君子仁人自己穿衣重在修身，也以穿衣的礼仪来教化民众。于是穿衣重点不在遮羞御寒，而是对自然的身体进行驯化和管理，使得自然的身体成为一种合乎儒家道德礼仪的社会的身体，文化的身体，身体成为儒家道德礼仪施行的一个具体形式。

这个文化身体既是一个过程，又是一个产品，说过程指的是身体在通过衣裳进行管理训化的过程之中，穿上什么样的衣服，就要有与之相匹配的言行举止。如儒家所以重冠礼，乃因"故冠而后服被，服被而后容体正、颜色齐、辞令顺。故曰：冠者，礼之始也。是故古者圣王重冠"。❸

显然冠服是一种修身的手段，身体在加冠着服之后便要有成人的言行举止，并且被社会以成人之礼相待，在这个过程中成为成人或大人君子。说产品则指身体是一个管理训练的结果，有什么样的德行，就会穿什么样的衣服，衣服是着装者德行的表现和象征。所以可以通过看一个人的着装，来评价其品行。如孔子在《论语·泰伯》中评价大禹："禹，吾无间然矣。菲饮食，而致孝乎鬼神；恶衣服，而致美乎黻冕；卑宫室，而尽力乎沟洫。禹，吾无间然矣。"不仅对个人如此，后代甚至会通过观察前一朝代的舆服志来评判前一代的治乱，如《旧唐书·舆服志》对以前历代帝王之服制也多有臧否，言黄帝造车服"简俭，未立等威"；言周则"自夷王削弱，诸侯自恣。穷孔翠之羽毛，无以供其侈，极随和之掌握，不足慊其华"；言汉因秦之制"号乘舆三驾，仪卫之盛，无与比隆"；言后魏、北齐则"舆服奇诡"等。❹故此，衣裳确实既隐且障，但遮蔽的重要的不是裸露的身体，遮蔽的是未经规训合乎礼仪的身体。但衣裳又确实是一种"移""引""彰显"，表现的是德行、权力、社会秩序。这些如果想传播、宣传，比起宫室、车马而言，衣裳是一种更

❶ 孙希旦. 礼记集解[M]. 北京：中华书局，1989：1305-1306.
❷ 杨伯峻. 春秋左传注.（一）[M]. 北京：中华书局，1990：270.
❸ 孙希旦. 礼记集解[M]. 北京：中华书局，1989：1415.
❹ 旧唐书[M]. 北京：中华书局，1997：1929.

为重要的媒介，因为直接附着于身体，与人的关系最为亲近，用西方学者的话说，是人的"第二层皮肤"。

中国古代的服饰与身体的关系，类似于理查德·桑内特在《公共人的衰落》中对于18世纪西方服装的描述："身体是服装的模特"。❶身体自身是没有意义的，身体的意义是由衣裳所赋予的，身体就是行走的服装，只是作为传递服装意义的工具，身体本身完全被遮蔽隐藏。这一观念就决定了中国传统服装的结构：二维平面，不展示身体的轮廓。但这种遮蔽同时又清楚地表达了中国传统的身体观念，自然身体的显露是一种羞耻，不是因为性意识的关系，而是因为不合礼仪，是一种蛮夷的行为，强调的是华夷之辩，这在历次的服饰变革中清楚地表现出来。衣裳遮蔽了身体，却彰显了对于身体的认识和观念。衣裳的这种遮蔽与彰显普遍地表现于各种服饰文化之中，透过服饰文化，我们可以更清楚地看到各种文化对于身体的认识。

作者简介

杨道圣　北京服装学院教授

北京服装学院博士研究生导师。研究领域：服饰文化，艺术史论，美学，基督教神学。著有《服装美学》2003，《作为科学和意识形态的美学》（2007，与人合著），《时尚的历程》2013。

❶ 理查德·桑内特. 公共人的衰落[M]. 李继宏，译. 上海：上海译文出版社，2008：80.

论沈从文服饰美学思想中的生命观

【摘要】

　　沈从文在其服饰美学思想中特别是对传统服饰纹样中所体现的"青春""健康""自然""活泼"等有关生命的审美因素进行了反复赞美与肯定，充分体现了他对服饰"生命"之美的高度认识和深入思考，揭示出了中华民族服饰审美的本质，使得服饰的生命之美成为沈从文服饰美学思想中最具特色的部分。

【关键词】

　　沈从文　服饰　思想　生命

　　黑格尔曾说，服饰具有艺术性的标准是看它是否能够成为精神和心灵的表现形式。服饰是人的第二层皮肤，在我国，自古以来在着装上就倡导"天人合一"的生命观。西方也认为"人是由灵魂、身体与衣服三个部分组成"。因此，服饰就是可见的自我，和人体结合构成一个有"生命"的整体。古希腊服装之美正在于其附着于身体的服装非常自由地凸显了身体的曲线形态和人体的运动状况，体现出身体受心灵灌注的气韵；我国敦煌壁画上的神仙服饰也是如此，其服饰所体现出的生动气韵也是一种生命之美。可见，服饰蕴含的生命之美有着比物质之美更引人入胜、荡人心魄的魅力，因为它纤毫毕露地体现了各个时代、各个地域的审美理念和审美情趣，以及那一个时代劳动人民的工匠精神。如郭沫若在《中国古代服饰研究》序里所说："遗品大率出自无名作家之手……他们的创造精神，他们改造自然改造社会的毅力，具有强烈的生命脉搏，纵隔千万年都能使人直接感受，这是特别值得重视的"❶。这正与沈从文服饰美学思想中的"生命"观不谋而合。

一、沈从文服饰生命观的表征

　　"艺术是精神和物质的奋斗……艺术是精神的生命贯注到物质世界中，使无生命

---

❶ 沈从文.沈从文全集.第32卷[M].太原：北岳文艺出版社，2009：序。

的表现生命，无精神的表现精神"❶。宗白华看了罗丹雕塑以后是这样评价他在思想上的变化的。我认为这样来理解沈从文服饰美学思想中的生命观也是再合适不过的了。沈从文在服饰研究过程中发掘出了服饰及其花纹图案中所蕴藏着的"生命"之美，这其实是中国传统服饰文化中的一种重要的审美理念，是服饰精神性的表征。孟子最早树立起了中国审美范畴中的崇高——代表道德主体生命力量的阳刚之美❷；自唐以后，佛教对艺术与审美产生了重大影响，佛像与菩萨像及其服饰、道具等更加中国化，雕塑家往往选取美与健康的典型来塑造中国式的艺术形象，反映在作品上体现为佛像表情和肌肉都表现出生命的力量和健康的美；中国绘画艺术中的"气韵生动"也体现了这种感性的生命力量。而沈从文则在对传

统服饰及纹样的释义中将这种生命之美充分展示出来，并进行反复肯定和赞美，希望能够发扬光大。

（一）"青春"的"生命"之力

中国古代哲人早就发现了宇宙旋律的奥妙，那就是"生命"的韵律，并把这个规律渗透到我们的现实生活，使我们的生活表现出礼与乐的秩序与和谐。具有创造精神的人类把这旋律装饰到我们的生活用品里，使我们的形下之器启示着形上之道（即生命的旋律）。几乎所有的审美活动都离不开对生命终极意义的拷问，服饰审美也是如此。在《谈刺绣》《挑花绣》《清代花锦》等文章中，沈从文对纺织图案所蕴含的生命特征及审美价值作了细致地分析和深入地研究。

"挑花绣最有新鲜生命值得注意的，是

图1 挑花袖局部（盛世竞舟场景）❸

图2 清初小花格子锦❹

❶ 沈从文. 沈从文全集. 第31卷[M]. 太原：北岳文艺出版社，2009：298.

❷ 李泽厚. 华夏美学·美学四讲[M]. 北京：生活·读书·新知三联书店，2008：63.

❸ 沈从文. 沈从文全集. 第30卷[M]. 太原：北岳文艺出版社，2009：125.

❹ 沈从文. 沈从文全集. 第32卷[M]. 太原：北岳文艺出版社，2009：522.

方团式或椭圆式凤穿牡丹花或团式串枝莲图案，真可说充满永久青春生命"❶（图1）。

"如把明清两代锦缎作个比较……清图案特别华美而秀丽，配色则常常充满一种女性的柔和。两者区别可一望而知……清代衲锦绣则一律用绒线，配色特别柔和，充满一种青春气息"❷（图2）。

列举上述引文，可以看出，沈从文对刺绣装饰图案所具有的美的法则、鲜活的生命力有着深刻的感悟，从中体味出匠人的想象性和创造性，以及悠久的历史传承性。在沈从文看来，这正是服饰所蕴含的精神之美，其美学思想充分体现了中华传统服饰文化的精髓，很值得深入研究。

我们还可从《〈曾景初木刻集〉题记》一文清楚看出沈从文对服饰这类文物所蕴含的生命之美的认识和对这种精神文化价值的高度重视：

"许许多多被疏忽美术品，所表现的性格或精神，都充满了民族时代特征，以及在发展中痛苦的挣扎和青春欢欣。"❸

"从丝毛编织物绣染上，从佛道二藏宝卷弹词引首插图，从旧刻说部书插画……扩大学习模仿改造，并供有心有手艺术家来重新配合……反而唯有从这种作品中，取得一点生命力量，或发现一点智慧之光。"❹

这就是说，即使不经意的丝毛编织物，它们也有"生命力量""智慧之光"等，也体现着匠人"痛苦的挣扎和青春欢欣"之情感。这些都是美的表现，纺织服饰等工艺美术承载着匠人的精神与审美创造。

（二）"活泼"的"生命"之美

历来"活泼""自然""生动"就与"生命"之美紧密联系，这与传统的宇宙观和生态美学有着密切关系。"自然活泼"是沈从文服饰美学思想中一个最基本、最广泛的审美理念。沈从文在对旧石器时代的饰品研究中，就对山顶洞人遗址中出现的钻孔的小石珠、兽骨、兽齿的自然之美进行了描述：

"作品尽管非常原始，除打孔加工外，大多完全保持着自然形态。但却充满劳动、创造的审美情感。"❺

沈从文在对汉代织锦的研究中也指出了服饰材料中"活泼"之美的重要历史价值：

"中国古代丝绸锦绣工艺历史上，西汉武帝时代，是一个重要发展变化阶段，文物上反映十分明显。主要特征是由对称规矩图案发展成为流动活泼的不对称图

❶ 沈从文. 沈从文全集. 第30卷[M]. 太原：北岳文艺出版社，2009：126.

❷ 沈从文. 沈从文全集. 第30卷[M]. 太原：北岳文艺出版社，2009：188.

❸ 沈从文. 沈从文全集. 第31卷[M]. 太原：北岳文艺出版社，2009：298.

❹ 沈从文. 沈从文全集. 第16卷[M]. 太原：北岳文艺出版社，2009：364.

❺ 沈从文. 沈从文全集. 第30卷[M]. 太原：北岳文艺出版社，2009：4.

图3 汉代花纹（印花敷彩纱纹样）❶

图4 月蓝地牡丹锻（清末）❷

案"❸（图3）。

在《湘西苗族的艺术》一文里，沈从文在把苗族刺绣与山歌进行类比时再次对充满生命力、活泼青春的审美特征进行了高度肯定：

"他们的刺绣图案组织得活泼生动，而又充满了一种创造性的大胆和天真……同样有青春生命的希望和欢乐情感在飞跃，在旋舞，并且充满一种明确而强烈的韵律节奏感。"❹

并且，沈从文对湖南长沙和湖北江陵一代出土的几件花锦的配色和设色少变化、欠活泼的原因还作了考证，认为是受提花技术的限制。

另外，在《中国丝绸图案》一文中，沈从文同样传达了他对丝绸图案中"生动活泼"与"生命力"的审美价值取向。他说：

"牡丹花虽接近写实，为了适合图案的要求，柔叶弱枝生动而有规律地穿插陪衬于主题之间，洋溢着一股活跃的生命力，给人一种节奏韵律的美感"❺（图4）。

可见，沈从文认为"活泼""自然""自由""生动"等这一类美学特征都充分展示了"生命"之美，都"充满劳动、创造的审美情感"，也都是服饰之美的具体的精神性的表现，承载着创作者的生命理想和精神寄托。

沈从文还赞誉苗族妇女服饰为"中国服装史上的活标本"，认为苗族服饰是集自身美术、历史、音乐、几何于一体的民族服饰，是"活的《史记》"，是古代苗族迁徙之路上所见所闻的真实记录。在沈从文看来，苗族服饰简洁质朴，充满着自然生命之美，这种自然美具体体现在材料、

❶ 沈从文. 沈从文全集. 第32卷[M]. 太原：北岳文艺出版社，2009：164.
❷ 沈从文. 沈从文全集. 第32卷[M]. 太原：北岳文艺出版社，2009：162.
❸ 沈从文. 沈从文全集. 第30卷[M]. 太原：北岳文艺出版社，2009：30.
❹ 沈从文. 花花朵朵坛坛罐罐[M]. 北京：中信出版社，2016：365.
❺ 沈从文. 沈从文全集. 第30卷[M]. 太原：北岳文艺出版社，2009：35.

印染、图案和装饰物上。如采用天然的植物染料蓝靛染出的蓝布成为苗族服饰的基础色，被看着是天与水之色；而用各种动植物染料印染而成的彩衣和彩线刺绣也充分展示了苗族服饰自然淳朴的一面；另外，苗族服饰精致的图案取自大自然，如蜡染、刺绣等纹样中多是动植物、花鸟虫鱼、山川河流等图案，表达了苗人对自然万物由衷的热爱之情。沈从文从心里深深赞叹这些由具有高度艺术创造热情的劳动人民培育起来的、拙朴与精巧融合在一体、没有经过工业文明冲击的民间服饰艺术，认为这是一种与自然生态相协调发展的美，这种美反映在广大农村妇女身上，装点着她们的生命，丰富了人民生活情感，反映了她们对美的追求。

（三）"健康"的"生命"之态

"健康"原本是形容人充满了生命力的形象，在这里，沈从文别出心裁地用来形容服饰纹样，在诸多著述中，沈从文都极力发掘服饰中关于"健康"的"生命"之美，并充分肯定了这种审美价值的意义，成为新中国文物鉴赏与文物研究的先驱者。沈从文充分认识到民族服饰是活生生的"民族生命"的保存方式，与人民日常生活密切联系。如在"谈刺绣""谈挑花"中，沈从文指出：

"宫廷绣虽向纤细精工发展，民间绣则布色图案比较健康壮美。" ❶

关于服饰中的"健康"的生命之美还具体体现在沈从文对苗族服饰的研究和认识中。在《湘西苗族的艺术》一文里，他这样描写道：

"爱美表现于妇女的装束方面特别明显。使用的材料，尽管不过是一般木机深色的土布，或格子花，或墨蓝浅绿……穿上身就给人一种健康、朴素、异常动人的印象。" ❷

"（苗族服饰）健康美观的形象及华丽调和的色彩，一定会使设计民族歌舞服装的朋友得到很多启发。" ❸

在《敦煌文物展览感想》一文中，沈从文还对不健康的设计风气给予了批评，并指出了健康之美就是清新、明朗、大胆和肯定这一重要理念：

"……于一年半截中，即必然可望把无数成果向农村的普及方向走去，一洗当前花纹失调，形态丑恶，以及烦琐萎靡、纤巧，种种不健康的气息，加以扫荡，而形成一派清新明朗大胆肯定的气魄。" ❹

在《塔户剪纸花样》一文中，沈从文对绣有苗族图案的湘西妇女围裙、戳镂花样、湘西绣鞋、苗族剪纸纹样、独特的湘

❶ 沈从文. 沈从文全集. 第30卷[M]. 太原：北岳文艺出版社，2009：44.

❷ 沈从文. 花花朵朵坛坛罐罐[M]. 北京：中信出版社，2016：359.

❸ 沈从文. 花花朵朵坛坛罐罐[M]. 北京：中信出版社，2016：373.

❹ 沈从文. 沈从文全集. 第31卷[M]. 太原：北岳文艺出版社，2009：309.

十字绣、土染蓝印花布等用优美的文字进行了描述和赏析。如精致的"纳锦绣"，实用而美观的"单色挑花"，健康美丽、花样最有性格的围裙等。沈从文认为其图案花式多样化，健康活泼。有反映青年男女爱情的，有反映故事传说的，大部分具有人民艺术特征。❶

二、沈从文服饰生命观的渊源

在沈从文服饰研究中，对"生命"之美进行高度赞赏的文字实在太多，不胜枚举，充分反映了他服饰思想中的生命美学思想，与他其前半生小说创作中的生命观一脉相承。他在小说中同样对青春、淳朴、自然的生命进行了高度赞美，这种生命观与他湘西地域文化背景及其丰富的生命体验是密切相关的。沈从文印象中的湘西和笔下的湘西是一个不同于都市的民风淳朴的理想世界，这里自然、美丽、活泼、健康，充满原始青春的活力和顽强健康的生命力；这里的人性自由而舒展，有着自然生命力的人的本色状态。这种自然生态的生命观还深受中国传统佛、道、禅思想的影响。在我国，自古以来在着装上就倡导"天人合一"的生命观。活泼的庄子就曾说

"静而与阴同德，动而与阳同波"，把他的精神生命体合于自然旋律。因此，对生命的赞美，对人性的探索就成了沈从文艺术思想的中轴，并借以寄托他自己的人生理想，他希望用这种生命之美唤醒人类情感，恢复本真的人性。沈从文在这种生命观的指引下，践行着他的生命美学，不断完善着他的生命理想，最终形成了他自己完整"生命"的理念，成为一个"美"的人，从而彰显了"美"与"生命"的重要价值意义。

三、沈从文服饰生命观的意义

"一个时代的创始，正和人的少年时候一样，带着一种活泼的朝气"❷。宗白华将敦煌人像艺术归结为"飞"的理想，认为飞腾是那个时代艺术境界的精神特征。而沈从文服饰美学思想中关于对传统服饰艺术中"生命""青春""健康""活泼"进行反复地高度赞美与肯定，其实质是对淳朴、自然人性的倡导，这使其服饰思想具有了美学意义。使我们发现中华民族服饰中所具有的活力、热力、想象力和伟力，让我们领略了服饰的生命之美。沈从文在服饰审美中所展示的中国传统服饰的审美精神极具民族文化的本质精神，那些活泼健康

❶ 沈从文. 花花朵朵坛坛罐罐[M]. 北京：中信出版社，2016：368.
❷ 宗白华. 艺境[M]. 北京：商务印书馆，2011：109.

的图案与花纹，展示了劳动人民活跃的想象力和创造力。一个文化丰盛的时代，必会创造无数有生命之美的服饰、图案，以美化我们的生活。这种美我们从陶渊明的诗和顾恺之的画中可以看见，从李白的诗歌中也可以欣赏到，甚至从更早一些的殷商出土的铜器中也可以发现，这些艺术品先于先秦诸子的理论从传统的压迫中跳出来，到了唐代则达到鼎盛时期，这些具有生命力的艺术和沈从文服饰美学思想中的生命观一样，流露出极强的民族文化精神和意识，为我国服饰文化的发展和繁荣奠定了深厚的美学理论基础。

在沈从文服饰美学思想里，其生命观包涵了丰富而复杂的内容，充分反映了他对我国服饰美学在萌芽之初的探索与思考，展示了沈从文对于中国服饰文化发展的独特认识及其思想价值意义。他不仅认识到服饰的物质之美，还充分认识到服饰的精神性特征，认识到服饰是一种民族文化和精神文化，并自觉地完成了从书写的服饰之美到作为符号的服饰之美及作为视觉呈现、精神展示的服饰之美的华丽转身。沈从文服饰思想中的生命观相通于他小说里的生命观，旨在于通过挖掘中华民族文化中的精髓，激发人的生命活力与创造精神，重塑国民健康的"人性"之美，完成他"文化复兴"的生命理想。

【参考文献】

［1］沈从文.《沈从文全集》第28-32卷[M]. 太原: 北岳文艺出版社, 2009.
［2］沈从文.《中国古代服饰研究》[M]. 北京: 商务印书馆, 2011.
［3］沈从文.《花花朵朵坛坛罐罐——沈从文谈艺术与文物》[M]. 北京: 中信出版社, 2016.
［4］沈从文、王㐨.《中国服饰史》[M]. 西安: 陕西师范大学出版社, 2004.
［5］宗白华.《艺境》[M]. 北京: 商务印书馆, 2011.
［6］李泽厚. 华夏美学·美学四讲（增定本）[M]. 北京: 生活·读书·新知三联书店, 2008.
［7］黑格尔.《美学》[M]. 朱光潜, 译. 北京: 商务印书馆, 2013.
［8］罗兰·巴特.《流行体系—符号学与服饰符码》[M]. 敖军, 译. 上海: 上海人民出版社, 2000.

 作者简介

李艺　惠州学院副教授

毕业于武汉理工大学艺术与设计学院，获艺术学博士学位。主授中外服装史，设计史，中国民间美术，服装工艺设计，服装结构设计，服装材料学等课程。参编多部教材，在《光明日报》《美术研究》等刊物上发表论文近二十篇。主持三项省级课题，申请七项实用新型专利，双师型教师，参与"中国古代服饰造物中的工匠精神及其当代传承研究"等多项国家级课题。

中国古代服饰美学与身体之伦理释义

【摘要】

　　服饰与身体的关系密不可分，然而不同于当今的服饰审美与身体自由，中国古代服饰与身体的关系是异常神秘且固定的，这里蕴含有诸多先哲们的思想观念及社会制式。从形制、色彩、图案等方面，可以逐一解读中国古代服饰与身体之间非同一般的关系，这一关系既表现出人们精神审美的旨趣，更是我国传统伦理观念的外在表达。

【关键词】

　　中国古代服饰　身体　美学　伦理思想

　　伦理观念通常以某种道德取向为衡量标准，在我国古代的哲学思想和社会制度中，伦理纲常一直是左右人们言行的准则。中国古代服饰作为器物的代表，是人们不可或缺的生活物品，并通过身体来展现美，然而这种美却处处蕴含有不同时期的伦理道德思想。

一、"礼"制下的身体与服饰形制

　　春秋战国时期，百家争鸣，孔子的儒家思想成了当时社会的主流思想，其提出的"仁、义、礼"等，成为了规范人们言行的教义。其中"礼"通过外化于人的着装就形成了一种"深衣"制式（图1）。深衣上下联为一体，象征着天地合一、天人合一，深衣的部件结构是与人的身体行为（或状态）——对应的：如衣领交于胸前成矩形，表示做人处事要合乎规矩；下摆平而整齐，称为"下齐"，强调行事要公平；背缝线垂直坚挺，表示为人要耿直……❶这些部件与结构的规范欲使人们在穿衣的同时谨记"礼"的规约。可见从那时开始，中国传统服饰就依托身体来规范行为，展示出一种独特的寓意——即体现出社会所要求的伦理规范就是美的，衣服成为人们塑造体态与内在素养的教化物品。

❶ 邱春林. 设计与文化[M]. 重庆：重庆大学出版社，2009：19.

汉代的服饰以"深衣"为基础，发展得更为极致，其衣裾绕襟层数更多，腰身裹缠加紧，袖子加宽变大"张袂成荫"。当时出现的一种服饰名为"三重衣"，因其领口低斜，能露出其内多件里衣衣领而得名，其实这是对内衣、中衣和外衣三件套穿衣服的总称，体现出儒家伦常道德对人们身体与行为的束缚。

图1 "深衣"形制

隋唐时期，服饰表现出极度自由的发展态势，特别到了唐中后期，女性服饰种类多样，衣体宽大飘逸，袒胸露乳，还一度以女着男装为尚，身体在服饰穿戴中变得自由了，可以毫不避讳地展现自己的美。这与当时的思想意识、统治政策、社会文明开化及经济繁荣有关，但中国根深蒂固的礼教传统和伦理纲常并未因此消失，它只是隐藏在深处，随时准备着以另一种形式萌发，宋明理学则是这一传统伦理思想再度萌发的哲学载体。理学家们认为"理"为世界第一原理，并提出了"天理"的观念，至此，天道观就与人性论相对立——"人心，私欲，故危殆；道心，天理，故精微"。《朱子语类》中强调"天理存则人欲亡，人欲胜则天理灭"。告诫人们要用"格物"来唤醒心中的"天理"，才能把握绝对的真和善。在理学思想的不断影响下，社会对世人，特别是对女性的行为提出了一套严格标准。要求女子"笑不露齿，行不露足"，平日出门要戴盖头，不可高声言语，当时女性所穿的服装"褙子"就为直领、对襟，长至膝盖，能最大限度地掩盖身体（图2）。至此，身体又回归到了被规矩和约束的时期。如三寸金莲也是在这一时代背景下成为塑造女性"身体美"的产物，但这种美却是以牺牲、禁锢女性身心健康为代价的、是封建社会伦理制度下的糟粕，是我国传统伦理美学观念的一种异化表现。

图2 宋代女服"褙子"式样

二、"五行"观下的身体与服饰色彩

中国古代的阴阳师认为构成宇宙自然的现象或事物都由"阴"和"阳"构成，随后又从阴阳的演变过程推导出构成物质的五种元素，即金、木、水、火、土，称为五行。五行与五方有着密切的联系，五方又与五色分别对应，五行是相生相克又循环往复的。阴阳学派的代表人物邹衍便用　现象来解释社会历史变迁和朝代交替，称作"五德始终"或"五德转移"。按此说法，皇帝以土气胜，色尚黄，夏为木德，色尚青，殷为金德，色尚白，周以火胜金，色尚赤，秦以水克火，色尚黑。❶于是秦始皇崇尚黑色，并将当时最高级别的礼服、深衣色彩定为黑色；汉朝以土德立国，服色尚黄；隋唐时期，中央集权制度稳固，统治者以中央自居，中央属土，代表色为黄，隋炀帝遂以黄袍加身，并令群臣百姓不得服用黄色，这一依托身体化的服饰色彩观念就成为了日后固定的模式传承了下来（图3）。在宋朝理学的伦理规约下，宋服色彩一度转向清淡、质朴，统治者还提出了"衣服递有等级，不敢略相陵躐"的规定，如官员朝服为淡黄袍，腰为玉装红束带，脚穿皂纹靴。❷明朝重回汉族统治，当时佐政思想家按"五德转移"说，认为明取周汉唐宋，是以火德威天下，色主赤，统治者遂以朱为正色，并对百姓服饰用色提出了严格规定：禁用大红、明黄等。所以，从服色来判断一个人的身份、地位就显而易见了。如此说来，中国古代社会流行的服饰色彩并不能冠以"美"的称谓，而只能说是当时思想家、统治者将自己对自然宇宙、阴阳五行的粗浅认识与天道、神道和国家统治相结合的产物。正如冯友兰言：吾人历史上之事变，亦皆此诸天然的势力之表现，每一朝代，皆代表一"德"。其服色制度，皆受此"德"之支配焉。❸身体在参与这种服饰色彩的选择中变得苍白而无力。

图3 身着黄袍的皇帝

❶ 黄能馥，李当岐，等.中外服装史[M].武汉：湖北美术出版社，2005：16.

❷ 沈从文.中国古代服饰研究[M].上海：世纪出版集团上海书店出版社，2002：466.

❸ 冯友兰.中国哲学史[M].北京：中华书局，2014：174.

三、"取象"传意下的身体与服饰图案

据史料记载，中华古人"观鸟兽之文与地之宜，近取诸身，远取诸物"，将大自然中神奇或美好的图案幻化为自身服饰上的纹样，希望达到沟通天地万物，求德祈福的目的。周朝天子用于祭祀的礼服中就采用了这一图案制式，称为十二章纹。十二章纹依次为日、月、星辰、山、龙、华虫、宗彝、藻、火、粉米、黼、黻（图4）。每一种纹饰都置于周天子礼服上的不同部位，相对于身体的一个部位，用以装饰身体，代表着不同的寓意：日、月、星辰三纹取其光耀之意，置于肩部，体现出中国以农立国，重视物象天候的传统；山纹位于礼服"袂"的中部，意为统治者掌控江山；龙为中国古代传说中的神灵，象征着权利与威严，人们将帝王比作龙的化身，龙纹位于袖背上；华虫即雉鸟，有着漂亮的羽翼，华虫纹位于"袂"的下方，取其华美之意；宗彝本是古代宗祠庙宇中盛酒祭祀的酒具，在酒具上各有一虎与一蜼，虎取其严猛，蜼取其智，宗彝纹位于腰带下方；藻为水草，藻纹位于宗彝纹下方，取其洁净之意；火代表光明，是人类

图4 十二章纹图示

文明的象征，礼服中的火纹取其炎上之意，位于藻纹之下；粉米即粮食谷物，粉米纹代表人们对粮食谷物的崇拜，位于下裳的火纹之后；黼即斧纹，礼服中的黼纹为黑白两色组成，位于粉米纹之下，象征帝王德高望重、当机立断、不惧邪恶；黻纹类似古汉书中两弓相悖的"亚"字形，由黑、青两色组成，位于黼纹之下，表明帝王能分辨是非，取其见善、背恶之意。❶周天子礼服中的十二章纹均呈现左右各一的对称布局，与人身体的体表结构一致，遵循了中国古代对称、和谐、规矩的伦理观念与审美原则。通过服饰图案这一外化的美感与形式，并作用于身体，强化了统治者内心的道德与自律，以更好地行使治理天下的责任与义务。

---

❶ 田自秉. 中国工艺美术史[M]. 上海：知识出版社，1985：78.

四、结语

中国古代服饰中蕴含有诸多的美学特征，如形制上的含蓄、色彩上的典雅、图案上的生动，这些美的要素更确切地说应该是一种伦理道德之美，其通过身体的礼仪和规训得以展现。正如蒋孔阳先生所言：古人谈美，更多地注重于道德方面的意义，而不是审美方面的意义。❶通过这一点，我们就能理解在不同朝代、不同阶层的服饰作用于身体的表现形式和审美寓意，这对于研究中国古代社会历史文化、风俗、心理等亦具有重要的参考价值。

［注：本文为教育部人文社会科学研究青年项目：中国古代服饰造物中的工匠精神及其当代传承研究（18YJC760103）阶段性研究成果］

作者简介 肖宇强　湖南女子学院美术与设计学院副教授

中南大学艺术哲学方向博士在读，校女性服饰文化研究所副所长。主授服装设计等课程，主持国家级、省部级课题十余项，发表论文三十余篇。编著有《服装设计理论与实践》《形象色彩设计》第十二五、十三五规划教材，已获授权国家实用新型专利两项、外观设计专利一百余项。被湖南省文化厅、湖南省青年职工工作委员会分别授予"优秀传统手工技艺传习者""湖南省青年岗位能手"等荣誉称号。

❶ 蒋孔阳. 美学新论[M]. 合肥：安徽教育出版社，2008：30.

与古为新

——纪念奠基人沈从文先生

　　提笔写这篇纪念小文之际，恰逢我们刚刚完成 *21 Century Fashion of China* 的英文手稿。在这部即将于英国出版的、全面阐述中国当代服装设计状态的著作当中，我们首先提及的就是沈从文先生。其实，无论是回顾中国服装设计发展的历史，还是中国现代服装设计教育和研究的历史，我们都无法回避这位重要的奠基人——沈从文先生。

　　记得1991年，在光华路中央工艺美术学院的图书馆，第一次读到了沈从文先生的《中国古代服饰研究》，其思想体系之宏大、研究方式之严密、文字阐述之朴实、服饰插图之精美，如同当年图书馆窗外玉兰花的芬芳，沁人心脾，令人终生难忘。

　　对于中国服饰史的研究，不同学者会采取不同的方式。有的学者从考古发现入手，侧重于实物的考量；有的学者从史籍文字切入，注重文字依据，推断服饰形制。沈先生的研究方法，是将文献记载与考古实物有机地结合在一起，互相印证，反复推敲，绝不妄下断语。

　　在很多人眼中，服饰文化的研究似乎并没有那么重要。相对于哲学、文学、艺术，甚至是科技而言，服饰只是边缘学科。人们似乎很难理解，一位著名的作家、历史学家、考古学家，怎么会如此执着于中国古代服饰文化的研究？但恰恰是深刻懂得中国服饰文化价值的沈从文先生在1963年4月9日，给当时的中国历史博物馆馆长写信表示，"愿意尽余生就服装和丝绸花纹历史发展摸下去。"这体现出了一位学者对于服饰文化价值的深刻理解以及对学术执着追求的精神。

　　但要真正研究中国古代服饰文化，谈何容易？中国五千多年的服饰文化，历经朝代更迭，一脉相承，源远流长。可以说，服饰作为时代精神的物化载体，敏感而细腻地反映出各个时期的社会文化。研究中国古代的服饰发展史，既要具有深厚的历史研究功底，又要具有宽阔的学术视野和跨学科的研究能力，统筹各个时期的政治、经济、军事、科技、文化、商贸等多个领域，并与当时的服饰状态相联系来进行深入、系统地研究。而漫漫岁月中，文献和实物资料的大量缺失，是摆在所有研究者面前的一道难题。

当代服饰研究专家李当岐先生曾经说过："学术研究其实不是用手写出来的，而是用脚走出来的。"最困难的莫过于对学术资料的收集和整理。当时分散于国内各地的实物资料不计其数，相关图书数万册。如此繁多、庞杂的材料，收集起来需要花费巨大精力。沈从文先生提出，"希望把能照的用彩色片照下，应画的把单位图案画下来，再根据这份第一手资料来作分析判断，所谓研究工作，自然就大大推进了一步。"他不仅带着助手不辞劳苦地去北京故宫、中国历史博物馆或民族文化宫查找资料，而且还准备到兰州、洛阳、敦煌等处实地考察。这是先生的学术研究方法，是科学的、系统的研究方法。不是闭门造车，人云亦云，而是脚踏实地，不畏艰苦地，从实证入手的研究方法。

撰写一部中国服饰文化史，是一个系统工程，需要团队合作。当年，在周恩来总理的关心和批示下，中国集结了一批优秀的学者，由沈从文先生领衔，历时多年，查阅浩繁古籍，广泛田野调查，经过系统的梳理和缜密的分析，还原、绘制、复制大量缺失的资料，最终著成了这部影响后世的《中国古代服饰研究》。

沈从文先生的研究，除贵在"重实证"，还贵在"至前人所未至之境地。"中国历代服饰大多记载于《舆服志》等文献当中，但其记载多为皇家、贵族、士人阶层的服饰状况，对于普通百姓的服饰，除汉族以外的少数民族服饰缺乏记载，且对于服饰的裁剪、缝制、装饰、工艺等方面语焉不详，使后人无法系统了解和学习，以至于对很多优秀的服饰文化无法解读，更无从传承。沈先生的研究不仅仅是梳理中国的服饰文化发展史，更重要的是通过大量的考据，以及缜密、严谨的研究，填补了这部文化史中的诸多空白。他把研究过程的一些不详之处列为专题，一个一个地展开调查、分析，文字与图录绘制相结合，最终向读者展现出时代原貌。特别是书写了中国少数民族服饰的章节，呈现出了中华大地诸多民族绚烂多姿的服饰面貌，其影响极其深远。

20世纪80年代初，中央工艺美术学院建立了中国第一个服装设计专业，中国的服装设计教育正式起步。面对现代服装产业底子薄、基础差，人民生活需求迫切的现状，中央工艺美术学院担负起了培养当代服装设计人才、产业人才的重要使命。然而，20世纪80年代的中国服装教育，缺乏教材，缺乏资讯，当时的教师大多也是从其他专业转过来的。而沈先生的著作在那个时期发挥了巨大的作用，成为展开中国服装设计教育及其后来的服装设计研究的重要依据。其后一系列的关于中国服装史的著作，包括我们所编著的《中国传统服饰》《中国少数民族服饰》《中外服装史》等，都受到了沈先生的深刻影响。

20世纪90年代初，在当时中央工艺美术学院的藏书中，关于中国服饰文化的最重要的著作就有沈从文先生的《中国古代服饰研究》，周锡保先生的《中国古代服饰史》，其后又有黄能馥、陈娟娟两位先生的《中国服饰通史》，周汛、高春明先生的《中国古代服饰大观》等。这些著作为我们打下了坚实的服饰文化研究的基础，使我们对于中国服饰文化的全貌有了一个客观而整体的认识。后来，我们在不断深入学习和了解西方服饰文化的同时，在文化比较当中，对于自身的服饰文化传统也更加自信，对于创新的方式方法也有了更多的选择。

经过30多年的发展，中国的服装产业和服装设计教育已经具备了相当大的规模。我们是在不断地学习西方现代服装设计和服装产业的过程中发展起来的。近些年来，服装产业的转型升级，服装设计人才的创新能力成为中国服装领域的热点话题。如何培养出具有民族文化基因与创新能力的当代设计人才，带动整个产业的转型升级，成为服装设计教育者必然面临的挑战。放眼国际服装设计教育领域，我们不难发现，对于服饰文化史的研究是各个学院服装设计教育的核心课程。因为历史留存下来的各个时期的典型服装服饰样式，曾凝聚了当时代人的心血和智慧，铭刻着不同时期的文明和信仰，成为设计创新的丰厚土壤。

也许有人认为成书于20世纪60年代，出版于90年代的《中国古代服饰文化》在今天已经过时。而笔者认为，沈先生留给后人的不仅是一部百读不厌的服饰文化史，更是一种可以不断启迪和激励后人的学术研究精神。先生辞世30周年后的中国，服装设计教育和研究遍及大江南北，服饰文化的资料比比皆是，新的考古发掘的实物资料和文献资料又有诸多补充，先进的摄影和文字图片处理设备更加便利，今天的研究者已经不用像沈先生当年那样只能在极其艰苦的条件下研究服饰文化了。但真正能够潜心研究，不怕10年、20年坐冷板凳以求学术真谛的学者，如沈从文先生的又有多少呢？

"黄帝尧舜垂衣裳而天下治"，作为衣冠之国，中国历来就重视服饰的教化功能，因此服饰文化是"礼治"的重要组成部分。在历史上，服饰曾是"分贵贱，别等威"的工具。既体现了儒家思想的"崇祖怀义"，也体现了道家思想的"仙风道骨""放浪不羁"。因此，要读懂中国服饰文化的形制，必须先读懂历史。沈从文先生的学术视野横跨古今，其《中国古代服饰研究》一书，从大的时代背景入手，让读者在不同的文化生态中去观察和理解服饰文化现象，这是极其难能可贵的。他让我们懂得，服饰文化是时代精神的外化形式，是在文化土壤中生长出来的，是文化生态的重要组成部分。当代中国服饰文化的传承和创新既需要深入系统地学习服饰文化史，也需要深入系统地研究当代社会文化环境、生活方式与时代精神。

晚唐司空图在其《二十四诗品》中写道："如将不尽，与古为新"。我们在沈从文先生等前辈的研究基础上不断挖掘，一定能够找到时代创新的途径。

作者简介　臧迎春　清华大学米兰艺术设计学院执行院长

清华大学美术学院博士、教授、博士研究生导师、染织服装艺术设计系主任，意大利米兰理工大学客座教授。研究方向：全球化条件下的服装艺术设计教育研究，服装设计与可持续发展研究，智能时装设计研究。著有《从重装到轻装》等专著数部，发表《从紧身胸衣到三寸金莲》等九十余篇论文。

詹凯　北京服装学院教授

博士、教授，北京市高等学校教学名师，中国美术家协会会员。曾任北京服装学院艺术设计学院副院长、北京服装学院视觉传达设计系主任、纺织品艺术设计系主任。现为全国艺术专业学位教指委专业分委会专家、文化部国家艺术基金专家委员会评审委员、教育部人文社科项目评审专家、北京市数字时尚与空间视觉设计创新团队负责人。